AGUARDENTE

DE CANA-DE-AÇÚCAR

COM COMENTÁRIOS SOBRE DIFUSÃO, MAU ODOR, CARBAMATO, ARMAZENAMENTO, ENVELHECIMENTO E MADEIRA DE EUCALIPTO

Fealq

URGEL DE ALMEIDA LIMA

AGUARDENTE DE CANA-DE-AÇÚCAR

COM COMENTÁRIOS SOBRE DIFUSÃO, MAU ODOR, CARBAMATO, ARMAZENAMENTO, ENVELHECIMENTO E MADEIRA DE EUCALIPTO

Piracicaba-SP • 2023

FUNDAÇÃO DE ESTUDOS AGRÁRIOS LUIZ DE QUEIROZ - FEALQ
Avenida Centenário, 1080 - São Dimas
13.416-000 | Piracicaba-SP | Brasil

Fone: 19 3417 6600
livros@fealq.com.br
www.fealq.org.br

1ª edição maio de 2023

CAPA E DIAGRAMAÇÃO
Victor Benatti (@vbenatti)

FOTO CONTRACAPA E DE ABERTURA
Gerhard Waller (ESALQ-USP/DvComun)

APOIO EDITORIAL
Sônia Piacentini

IMPRESSÃO
Gráfica Idealiza

Catalogação na Publicação
DIVISÃO DE BIBLIOTECA - DIBD/ESALQ/USP

Lima, Urgel de Almeida
Aguardente de cana-de-açúcar: com comentários sobre difusão, mau odor, carbamato, armazenamento, envelhecimento e madeira de eucalipto / Urgel de Almeida Lima. - - Piracicaba : FEALQ, 2023
192 p. : il.

ISBN: 978-65-89722-26-7

1. Aguardente - Fabricação 2. Cachaça 3. Cana-de-açúcar 4. Armazenamento 5. Envelhecimento 6. Madeira de eucalipto 7. Fermentação alcoólica I. Título

CDD 663.53

Elaborada por Maria Angela de Toledo Leme - CRB-8/3359

AGRADECIMENTOS

O autor expressa seus agradecimentos à Diretoria da Fundação de Estudos Agrários Luiz de Queiroz (FEALQ), na pessoa de seu Diretor Presidente, Professor Doutor Nelson Massola, por ter proporcionado as facilidades para esta publicação.

O autor registra especial agradecimento à sua, Professora de Informática, Engenheira Agrônoma, MS Beatriz Dias Corrêa Xavier, pela sua inestimável colaboração. Durante meses, ofereceu dedicada ajuda na leitura dos textos, correções, diagramação, enfim, em todas as atividades que antecedem o preparo dos originais. O autor, 94, reconhece que sem sua estimada ajuda, não teria atingido o objetivo.

OFEREÇO este livro à esposa Elza
e aos filhos Urgel e Zeuler,
por ordem de chegada...

DEDICO

Dedico esta obra à memória dos pioneiros de cinco séculos, que deram início à fabricação da pinga, cachaça, caninha, aguardente e tantas outras denominações para a bebida brasileira genuína.

Também, como homenagem, aos construtores de engenhos e de equipamentos, fabricantes da bebida, fabricantes que não medem esforços para expandir sua presença no mercado internacional, comerciantes de varejo e granel, apreciadores, folcloristas, historiadores, estudantes, professores e pesquisadores de todo o país, voltados ao desenvolvimento da quantidade e da qualidade dessa democrática penta-secular bebida, formidável participante na Economia do País.

O autor

APRESENTAÇÃO

Duas décadas se passaram após a edição de *AGUARDENTE - Fabricação em Pequenas Destilarias*, razão para pensar em segunda edição. No entanto, esta não é totalmente uma segunda edição, nem novo livro, mas contém praticamente todo assunto da primeira, em revisão de temas conhecidos que vale serem lembrados, e comentários sobre o que poderá ser importante em futuro de médio e longo prazo na indústria de aguardente.

Basicamente é um livro didático.

A fabricação de aguardente de cana, pinga ou cachaça é penta secular e obtida por tecnologia semelhante em todo o território, com particularidades regionais, sem perder a nacionalidade característica. Sua obtenção certamente recebeu alterações na tecnologia ao longo dos séculos, sem fugir da forma original. Durante o século XXI e futuros poderá receber inovações para melhorar desempenho técnico e a qualidade.

Nas duas décadas do presente século ocorreram muitas reuniões técnicas de caráter regional, nacional e internacional, para difusão de conhecimentos nas áreas de alimentos e bebidas fermentadas e destiladas. Dentre estas, as derivadas da cana-de-açúcar, rum (Cuba) e aguardente (Brasil), com resultados das discussões técnicas incluídas neste livro.

Ele foi planejado para ser uma segunda edição do anterior *AGUARDENTE - Fabricação em Pequenas Destilarias*, mas seguiu com resultados de pesquisas com colaboradores, em pesquisa na qual o autor atuou como consultor e em observações pessoais registradas ao longo de mais de sete décadas de pesquisas em laboratório, ensino universitário e trabalho profissional em chão de fábricas de aguardente de cana.

As muitas reuniões, de iniciativa universitária, contaram com a participação de estudantes de graduação, alunos de Mestrado e de Doutorado, pesquisadores, professores e maciço número de fabricantes.

Foram muitos os assuntos discutidos, tais como comércio, qualidade, concurso para determinar a melhor bebida, armazenamento, envelhecimento, análises das bebidas e geração e presença de supostos elementos cancerígeno e seus precursores. Entretanto, nota-se relevante falta de pesquisas na área microbiológica referente à fermentação propriamente dita. Há trabalhos de pesquisa sobre modelagem matemática, rendimentos máximo e mínimo dos processos, escalonamento da alimentação dos mostos em fermentação e outros ligados à engenharia do processo e esquecimento de que o produtor do álcool é um microrganismo e não os equipamentos. Estes separam o álcool e são responsáveis pela eficiência física e mecânica que contribui para o desempenho econômico.

A microbiologia se encarrega da seleção do agente fermentativo do qual e de onde o rendimento em produto manufaturado. Este é regulado pelo tratamento do mosto, sua correção, uso de desinfetantes e antibióticos. Esse cuidado microbiológico é complementado por controle rigoroso da fermentação nas dornas.

O autor pretende que o livro venha a ser sobretudo didático e servir por tempo razoável para orientação dos que estudam fermentação alcoólica e destilação em âmbito industrial, até se tornar obsoleto, ou histórico. Nada estranho, pois o que um nonagenário conta, sempre é histórico.

O autor,
em outubro de 2022

SUMÁRIO

PREFÁCIO

Histórico, atual ou futurista? Livro didático, manual prático ou compêndio registrando décadas de experiência? Um relato sobre a nossa cultura ou sobre processos de fabricação e a agroindústria? Esta obra é tudo isso, e mais um pouco.

Poucos exemplos seriam mais icônicos do que um livro sobre cachaça, escrito na ESALQ, pelo Prof. Urgel de Almeida Lima. Neste livro, o Prof. Urgel nos brinda com seu vasto conhecimento em relação à cadeia produtiva de aguardente de cana-de-açúcar - conhecimento este obtido durante nada menos do que sete décadas de experiência!

O livro começa com uma introdução, onde aspectos históricos e contextualização são abordados. Em seguida, cada etapa do processo de fabricação é detalhado, tais como descrição da matéria-prima, extração e preparação do caldo, diversos aspectos sobre a fermentação alcoólica, destilação, armazenamento e envelhecimento. Ao longo de seus 10 capítulos, nós, leitores, temos na leitura fluida e didática, a sensação de estarmos em uma dessas conversas tão instrutivas, quão agradáveis.

A cachaça faz parte da nossa cultura, sendo um patrimônio brasileiro a ser tanto preservado, quanto desenvolvido. A cada ano, esta bebida é mais e mais reconhecida e apreciada mundialmente, devido a seus atributos sensoriais únicos, versatilidade e diferencial. Através da visão privilegiada do seu autor, essa obra contribui para desenvolver o futuro, com inovação e dinamismo, porém sem perder de vista a história e tradição. Este é um desafio diário de Professores e Cientistas, que o Prof. Urgel, no auge de seus 94 anos, demonstra dominar.

Proponho-lhe um brinde - com cachaça, é claro!

Pedro E. D. Augusto

Professor Titular da Université Paris-Saclay, CentraleSupélec (França).
Trabalhou durante oito anos no LAN, ESALQ, USP, onde teve o privilégio
de conhecer e interagir com o Prof. Urgel de Almeida Lima.

UMA VISÃO GERAL

1

1.1. Introdução

Aguardente, pinga ou cachaça, também caninha, são designações comuns para a bebida alcoólica obtida pela fermentação do caldo de cana-de-açúcar e sua imediata destilação. Há engenhos ou destilarias de aguardente por todo o território nacional, de dimensões continentais e de capacidades de produção as mais diversas.

Esse fato torna difícil classificar as fábricas com base em suas dimensões, mas o autor as divide, para tentar dar uma ideia de sua aparência e tamanho. Por classificação particular e empírica, as destilarias são distinguidas por domésticas, artesanais e de pequena, média e de grande capacidade.

Domésticas são as de um diletante que aprecia fazer sua própria bebida, com sua técnica particular em equipamento adequado e armazenar em barris de madeira escolhida, para consumi-la ou presentear.

Artesanais são as de pequeno porte, fabricante de pequenos volumes do destilado para comércio com objetivo de agregar valores à propriedade. Em geral empregam tecnologia tradicional familiar e operam em único turno em dias úteis.

Uma destilaria pequena fabrica de mil a cinco mil litros de cachaça por dia em um ou dois turnos diários e pode ser equipada com alambiques ou coluna de destilação contínua.

Pela classificação empírica do autor, destilaria de média capacidade produz de trinta mil a cinquenta mil litros de aguardente por dia de trabalho contínuo na safra, é equipada com aparelho de destilação contínua e eventualmente opera com reciclagem de leveduras.

Em sequência, uma destilaria de grande capacidade produz acima de cinquenta metros cúbicos diários de destilado, trabalha com processo de recuperação de leveduras e destila em aparelhos de operação contínua.

Essa classificação, como foi dito, é empírica e sugere uma orientação para narrativa sobre o potencial de produção da bebida em uma fábrica ou região. A classificação não é absoluta e sim relativa. Para esclarecer, se uma região concentra grande número de destilarias que produzem bebida em fábricas que fazem em média 400.000 litros na safra, a construção de uma unidade fabricante de 700.000 litros por safra é de grande capacidade em relação às outras.

Entretanto, em região onde as destilarias fazem volumes diários muito superiores aos do exemplo, a classificação proposta permite entender o tamanho das destilarias.

Instalada com projeto de agregar valores à propriedade, as atuais destilarias artesanais são economicamente deficitárias, por várias razões, iniciando pelo pequeno rendimento na extração do caldo da cana e, em consequência, do açúcar que é perdido no bagaço, incompletamente esgotado com uma única moenda. O assentamento de mais moendas em linha melhora a extração, mas ainda não é suficiente para a máxima extração da sacarose da cana. Para melhorá-la devem ser instalados outros equipamentos, mas, como eles envolvem altos custos, não é usual trabalhar com mais de uma unidade de extração de caldo numa destilaria bem pequena. Com uma única unidade esmagadora, é usual, ou é obrigatório, moer canas inteiras sem repasse e o rendimento em caldo é baixo, ao redor de 40-45%. A moenda é alimentada manualmente e o bagaço é representado por colmos emergentes quase totalmente inteiros e ricos em caldo residual perdido. Em realidade, açúcares que não serão transformados em aguardente.

A boa qualidade da aguardente depende da qualidade do caldo extraído e dos cuidados técnicos com os quais é manuseado após sua extração da cana. O resultado econômico financeiro da destilaria leva em conta a quantidade de açúcares extraída. O sucesso industrial está sujeito aos cuidados técnicos com a fermentação e a-destilação, qualquer seja a dimensão da instalação, da doméstica à industrial de máxima capacidade de obtenção do destilado.

A evolução da produção industrial de aguardente a partir dos meados do século XX foi muito grande, mas ainda há pequenas destilarias (engenhos) que se espera nunca desapareçam, pois constituem marco importante na formação cultural do país desde seu descobrimento em 1500. É importe que continuem a existir, com emprego de técnicas atualizadas. Embora pequenas, não deverão ignorar bons preceitos de higiene e boas técnicas de fermentação e de destilação. Nas destilarias de grande capacidade, que fazem acima de trinta mil litros de aguardente diariamente, a extração do caldo, a fermentação e a destilação são operações altamente tecnificadas, para alcançar altos rendimentos.

Como as produções dependem das áreas de comércio, os pequenos engenhos se dedicam a produzir aguardente para pequeno número de consumidores e as grandes indústrias para um comércio de grandes volumes, engarrafados, nos grandes centros populacionais.

1.2. Definições

Aguardente é uma bebida alcoólica com concentração de álcool de 38% a 54% expressa em volume.

Do ponto de vista da legislação brasileira, aguardente de cana é o produto obtido pela fermentação do caldo de cana-de-açúcar e sua posterior destilação, popularmente identificado por pinga, cachaça, caninha e por grande número de outras designações, algumas jocosas e registradas nos diversos dicionários.

De acordo com a legislação pertinente, enquadra-se na classificação de bebida fermento destilada. Ela é constituída de água e álcool em grandes proporções (aproximadamente 50% de cada um) e de alguns componentes que se formam durante a fermentação do caldo de cana (ácidos orgânicos, ésteres, aldeídos e álcoois superiores) em quantidade variável, mas muito pequena em comparação com o álcool e com a água (aproximadamente 0,25 g/L da aguardente). Esses componentes menores são importantes para conferir sabor e aroma à aguardente. Nas aguardentes feitas em alambiques eles são preservados pelas condições da construção dos aparelhos e da técnica de destilação.

De acordo com a legislação, a aguardente de cana deve apresentar:

1. Teor em álcool etílico de 38% a 54% em volume, a 20°C;
2. Limites de 250 a 800 miligramas de componentes secundários avaliados para 100 mililitros de álcool a 100%;
3. Máximo de 4 mg de furfurol calculados para 100 mL de álcool a 100%;
4. Máximo de 500 mg de álcoois superiores avaliados para 100 mL de álcool a 100%.

A fermentação é realizada por leveduras que ocorrem naturalmente na natureza. Sucos de fruta, caldo de cana ou qualquer outro líquido açucarado convenientemente diluído expostos ao ambiente são suscetíveis à fermentação alcoólica. Antes de fermentar são designados por mosto. Depois da fermentação passam a ser conhecidos tecnicamente por vinho. Este, não deve ser confundido com o produto obtido pela fermentação do suco de uva.

Vinho obtido pela fermentação de melaço diluído, ou de caldo de cana, é a matéria-prima para a obtenção da aguardente pela sua destilação.

Alambique é o aparelho para destilar o vinho por método descontínuo, em cargas sequenciais.

Coluna ou alambique de coluna é o aparelho para destilar o vinho por método contínuo.

Aguardente, pinga ou cachaça é o produto da destilação do vinho de caldo de cana, ou de melaço, fermentado nas destilarias de álcool.

Vinhaça é o resíduo líquido da destilação dos vinhos. De acordo com a região pode ser designado por restilo, vinhoto, caldas, garapão e tiborna.

1.3. Origem

Não foram encontrados registros para esclarecer onde a aguardente teria sido fabricada pela primeira vez e qual teria sido a matéria-prima, caldo de cana ou o mel residual da fabricação do açúcar.

Sobre a cana, açúcar e montagem de engenhos no Brasil colonial há desinformações ou falta de divulgação de fatos históricos, que impediria a difusão equivocada de material histórico por anos a fio.

Em 1999, o autor, que é técnico em destilaria, mas não historiador, escreveu:

"Após o descobrimento, Portugal procurou desenvolvera cultura e a industrialização da cana--de-açúcar na sua nova colônia. Diversos donatários trouxeram a planta para o Brasil e estimularam construção de engenhos.

Com base em citações e considerações de que foi a primeira a receber plantas de cana-de-açúcar, a indústria de açúcar teve início na Capitania de São Vicente.

Nessa Capitania fundou-se uma vila e seu governador Martim Afonso de Souza incentivou a construção de engenhos.

As ruínas do Engenho São Jorge dos Erasmos, preservadas em Santos pela Universidade de São Paulo, que as recebeu em 1958, por doação de Otávio Ribeiro de Araújo, são o testemunho do engenho de açúcar construído na Capitania de São Vicente, de modelo açoriano e movido a água, que produzia açúcar e derivados." (LIMA, 1999, p. 16)

Figura 1.1. Engenho São Jorge dos Erasmos, Santos, SP (original do autor, 1999)

Figura 1.2. Alambique de barro (original do autor; destilaria piloto Professor Juvenal Mendes de Godoy, ESALQ/USP, 1963, desativada)

Alguns anos após a edição do livro *Aguardente – Fabricação em Pequenas Destilarias*, foram encontradas informações que mudam o conceito que foi ensinado sobre a construção do primeiro engenho muito longe do local de descobrimento do país.

Coincidência de nomes e fatos teriam contribuído para distorcer fatos históricos.

Consta que em 1516 o Brasil exportava açúcar para Portugal e que o comércio era registrado na Alfândega de Lisboa

Um certo Pedro Capico, bem relacionado com o Rei, era responsável pela exportação a partir de uma Capitania, dita de São Vicente, em Itamaracá. Capitania seria apenas um ponto de embarque de mercadorias.

Em 1526, Pedro Capico, colono aparentemente bem-sucedido foi autorizado a regressar a Portugal.

Em 1532 nova expedição veio ao Brasil, para conduzir Martim Afonso de Souza à Capitania hereditária de São Vicente, como seu Governador. A comitiva teria contado com a participação do personagem Pedro Capico, pelo visto de volta à Colônia. Não foram encontradas mais referências à sua pessoa.

A Capitania de São Vicente prosperou muito e deixou importantes legados. Entre eles, a prova inequívoca dos edifícios bem conservados do engenho dos Erasmos. Estão vazios dos equipamentos próprios para fabricação do açúcar e não têm indícios de que ali era preparada aguardente. Entretanto, ao ver a solidez e conservação dos edifícios, não se pode desacreditar que eles eram o abrigo de uma indústria de açúcar e de sua bebida derivada. A Capitania era bem administrada, como realça uma nota em um recorte de periódico não identificado, encontrado acidentalmente. Ela é reproduzida a seguir, confirma o dinamismo da esposa do Governador e reflexos no desenvolvimento da Capitania hereditária.

Todavia, é possível afirmar que o engenho de Martim Afonso de Souza não foi o primeiro, ao contrário de ensinamentos anteriores.

Com a palavra, os competentes historiadores.

> *"Ana Pimentel, filha de família nobre espanhola, foi uma das mulheres a exercerem cargos de chefe de Capitania no Brasil. Casada com Martim Afonso de Souza, donatário da Capitania de São Vicente, Ana Pimentel governou as terras doadas a seu marido por meio de procuração entre 1534 e 1536. Apesar de não ter sido a primeira mulher nessa função, Ana foi a mais audaciosa. Desafiou próprio Martim Afonso de Souza ao revogar uma lei baixada por ele, que proibia os colonos de subir a Serra do Mar, para evitar conflitos com índios; e mandou trazer mudas de laranja de Portugal, para incentivar o controle do escorbuto na Capitania. A ela é atribuída também a introdução do cultivo de arroz, do trigo e da criação de gado."*

Cópia do recorte, ele veio acidentalmente as mãos do autor, mas extraviou. Antes do extravio, o autor copiou seus dizeres aqui transcritos, sobre os quais dá fé e confirma sua veracidade.

1.4. Como a aguardente era fabricada

Não foram encontradas referências sobre onde teria sido feito o primeiro destilado de cana e qual teria sido o material usado no início como mosto para a fermentação. Pode ter sido o melaço sobrante da fabricação do açúcar, mas é possível que tenha sido a garapa, fonte das leveduras responsáveis pela fermentação dos açúcares. Sucos de frutas e o caldo de cana se apresentam com diluição adequada para a ação imediata das leveduras e o mel residual da obtenção do açúcar só fermenta após diluição com água até a concentração próxima do teor de açúcar do caldo de cana.

Também não foram encontradas referências sobre a destilação, nem sobre os alambiques usados. Sobre sua ocorrência, houve uma citação de sua existência em uma nau pirata nas costas do país, usado para dessalgar a água do mar. É difícil aceitar que fosse construído com cerâmica de barro.

A falta de referências sobre a destilação e a notícia, sem comprovação, de que os alambiques de cobre foram introduzidos no século XVII, permitem imaginar que a aguardente era destilada em aparelhos construídos de cerâmica de barro. As informações lidas aqui e acolá não esclarecem.

A cana cortada era trazida para o engenho e esmagada em moendas de madeira, formadas por três rolos verticais de madeira e engrenados paralelos, providos de dentes de engrenagens, também de madeira, de forma que o central movia os outros dois. As canas eram introduzidas entre o primeiro e o segundo rolo e quando saíam do outro lado eram repassados entre o segundo e o terceiro, para aumentar a extração do caldo. A movimentação dos rolos esmagadores era feita pelo central, no qual era fixada uma almanjarra, em que eram atrelados animais, para tração em caminho circular contínuo. Quando havia disponibilidade, era feita movimentação por sistema de roda d'água.

Figura 1.3. Moenda de madeira (original do autor, 1955, Minas Gerais)

Da moenda o caldo era conduzido para os tachos de cozimento onde era concentrado até a formação dos cristais de açúcar. O caldo, devidamente concentrado e quente, era levado para fôrmas troncônicas invertidas e arredondadas, com um furo para o exterior, feito no ápice das fôrmas. Elas eram escavadas em troncos dispostos horizontalmente em altura variável em relação ao solo.

A massa cozida, constituída de cristais de açúcar suspensos em caldo fortemente concentrado, esfriava nas formas, consolidava a cristalização e drenava um líquido escuro pelo furo. Era o "mel do furo", ou melaço, rico em açúcares não cristalizados. Como tal, é matéria-prima para preparar mostos para produzir aguardente.

1.5. Fermentação e destilação

São as operações fundamentais para a obtenção da aguardente. Pela fermentação, os açúcares do caldo da cana e ou do melaço são transformados em álcool, por ação das leveduras. Estas são microrganismos unicelulares que, em meio úmido e em presença de oxigênio, se multiplicam e, em ausência dele, desdobram açúcares e formam álcool. Elas se acham dispersas na natureza, em especial sobre folhas, flores, caules e frutos. Ao encontrar ambiente propício, inclusive temperatura adequada, faziam a fermentação do caldo de cana. Não foram encontradas informações sobre os ambientes em que se industrializava a cana, o que dá margem a muitas deduções sobre as técnicas usadas.

Como exemplo, o mosto, caldo ou melaço diluído era posto em um recipiente (cocho escavado em tronco, tina, barrica, vaso de barro) e deixado em repouso.

Se as condições de temperatura e higiene eram boas, as leveduras naturais se desenvolviam e em pouco tempo a fermentação terminava. O tempo era variável, de acordo com o número das leveduras no meio.

Terminada a fermentação, o vinho era encaminhado para a destilação. A aguardente era recolhida e armazenada para consumo ou venda.

1.6. Evolução

Pelo que foi possível recolher de informações, o sistema de fermentação para produção de bebida alcoólica fermento-destilada no Brasil seguiu a técnica retro descrita, tradicional e transmitida em família, ou entre fabricantes, até os meados do século XX. Na década de 1950 havia engenhos equipados com moendas de madeira, secção de fermentação em caixas de madeira e alambique de cobre, aquecidos a fogo pela queima de bagaço seco nas bagaceiras. Estas eram áreas contíguas, em que o colmo esmagado na moenda era amontoado para perder umidade e facilitar a queima posterior.

Já havia moendas verticais com cilindros de ferro fundido, movidas por animais ou por rodas d'água. Também se ensaiava o uso de moendas horizontais de três cilindros de ferro, acionadas por motor a vapor, o que sugere a existência de locomóveis geradores de vapor.

A tradição no setor de fermentação era realçada com a existência de uma usina de açúcar com destilaria anexa, equipada com recipientes de madeira como grandes tinas para fermentar o caldo de cana e mosto de melaço.

Após o fim da Segunda Guerra Mundial (1945), os fabricantes de aguardente preocupados com problemas de fabricação e comercialização de seu produto, e pressionados por concorrência desfavorável, decidiram buscar assessoria técnica de profissionais competentes no assunto, o que estimulou pesquisas para fazer crescer o setor. Em 1950 foi fundado em Piracicaba (SP) o Instituto Zimotécnico anexo à Escola Superior de Agricultura "Luiz de Queiroz", da Universidade de São Paulo, dedicado ao estudo de fermentações, que assessorou fabricantes nos processos industriais de fermentação, destilação, agrícolas, reformas e modernização dos engenhos, para transformá-los em fábricas de alta eficiência.

Por outro lado, a Construtora de Destilarias do grupo M. Dedini, também em Piracicaba, estimulou e financiou a reforma e construção de novos e modernos aparelhos, eficazes para o aumento da produção do destilado. Ocorreu um surto de desenvolvimento geral da indústria, não só para o Estado de São Paulo. Essa evolução continua e deverá manter-se importante para o progresso industrial.

O sistema industrial de produção de aguardente no Brasil seguiu essa técnica durante séculos. Na metade do século XX, depois da Segunda Guerra Mundial, o consumo de aguardente aumentou e exigiu a multiplicação do volume de produção, causou evolução nas técnicas de fermentação, na construção das destilarias e dos aparelhos de destilação

De início, a produção de maior volume de destilado fez aumentar a capacidade dos alambiques e da área de cana plantada. Os primeiros aumentos de produção foram feitos com a fabricação de alambiques maiores, por aumento de suas dimensões, que não puderam ser largamente ultrapassadas, por causa da limitação imposta pelos materiais e técnicas de construção disponíveis.

Outro artifício foi instalar diversos aparelhos na mesma destilaria e aumentar a capacidade dos tanques de fermentação, agora construídos com chapas de aço e providos de sistemas de alimentação e de descarga por meio de canalizações e registros, em vez de calhas de madeira ou de alvenaria.

Os alambiques que eram usados nos primórdios, e ainda são usados nas destilarias artesanais, são alambiques simples (Figuras 1.4 e 7.3/primeiro item), compostos de uma caldeira ou cucúrbita, um capitel (cabeça ou elmo), alonga (tubo ou conduto de condensação, pescoço de cisne) e serpentina.

O vinho a destilar é colocado na caldeira onde é aquecido à ebulição para gerar vapores ricos em álcool. Daí, passam ao capitel, no qual há concentração do álcool nos vapores que seguem para a alonga, ligeiramente inclinada para baixo. Aí condensam, resfriam parcialmente e escoam para a serpentina para resfriar. A serpentina é um tubo longo, de diâmetro menor, enrolada em hélice e mantido permanentemente mergulhado em banho de água fria corrente.

O líquido que sai da serpentina é o destilado que será a aguardente. No início é uma mistura de água e álcool (vapores condensados), de alta concentração em álcool, por causa da sua predominância nos vapores gerados na caldeira. Com o progresso da operação, a mistura empobrece gradualmente de álcool e enrique de água. Dessa forma, o líquido que sai da serpentina é paulatinamente diluído no recipiente que o recebe. Nessa parte do conjunto que completa o aparelho de destilação, é feito constante controle do grau álcool do destilado, para determinar o final da destilação e o momento de o recolher ao tonel.

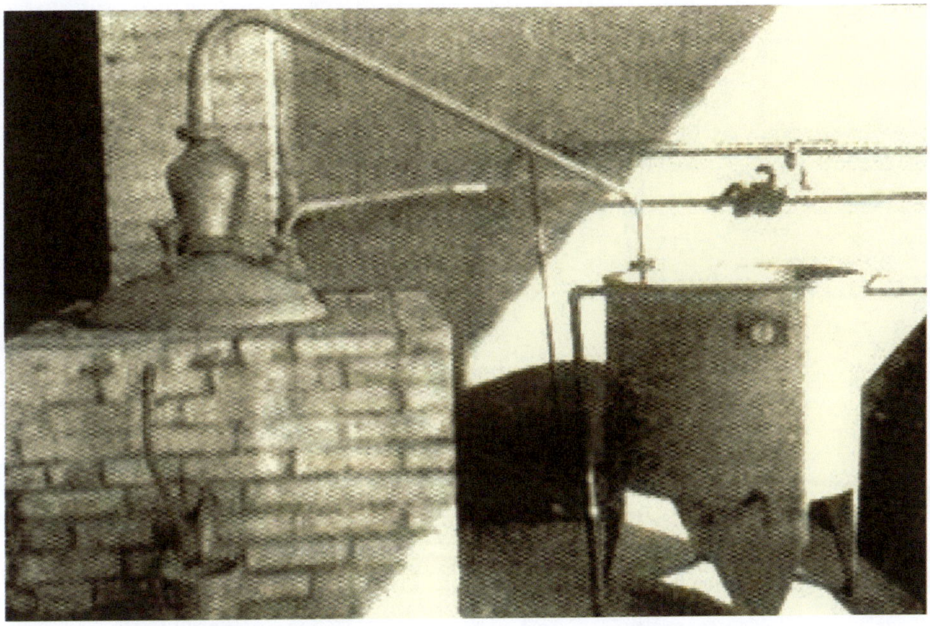

Figura 1.4. Alambique simples (original do autor, 1963)

Ao começar a destilação, o líquido destilado acusa cerca de 60% de álcool em volume. À medida que ela prossegue, a concentração diminui gradativamente e chegará até 0% de álcool, ou seja, apenas água, se não for feita interrupção da operação. A interrupção é feita quando a concentração do destilado (aguardente) tiver cerca de 50% de álcool em volume, reconhecida pelo uso de um alcoômetro ou pelo aspecto das bolhas que se formam pela agitação do destilado.

A aguardente produzida é recolhida, mas dentro da caldeira do alambique ainda resta pequena percentagem de álcool, que pode ser destilada e recolhida à parte.

Pela continuação da destilação, para recolher um pouco mais de álcool que restou na caldeira, é obtido um destilado de baixa concentração que se denomina de água-fraca. É um destilado muito fraco que se costuma adicionar a uma nova carga do alambique para aumentar o rendimento. Também é usual juntar vários volumes de água-fraca até uma carga da caldeira, destilar, adicionar o produto à aguardente e homogeneizar.

Ao final de cada destilação é feita a descarga da caldeira, para iniciar nova destilação. O resíduo descarregado é a vinhaça ou restilo.

Para aumentar a capacidade das destilarias, diminuir as perdas de álcool e reduzir o consumo de combustível, foram inventados os alambiques múltiplos, de dois ou três corpos (Figuras 1.5, 1.6, 7.2.3 e 7.2.4), nos quais a destilação da água fraca se faz para dentro de outro corpo do alambique, e não para fora, mantendo o corpo de aquecimento parcialmente esgotado de álcool.

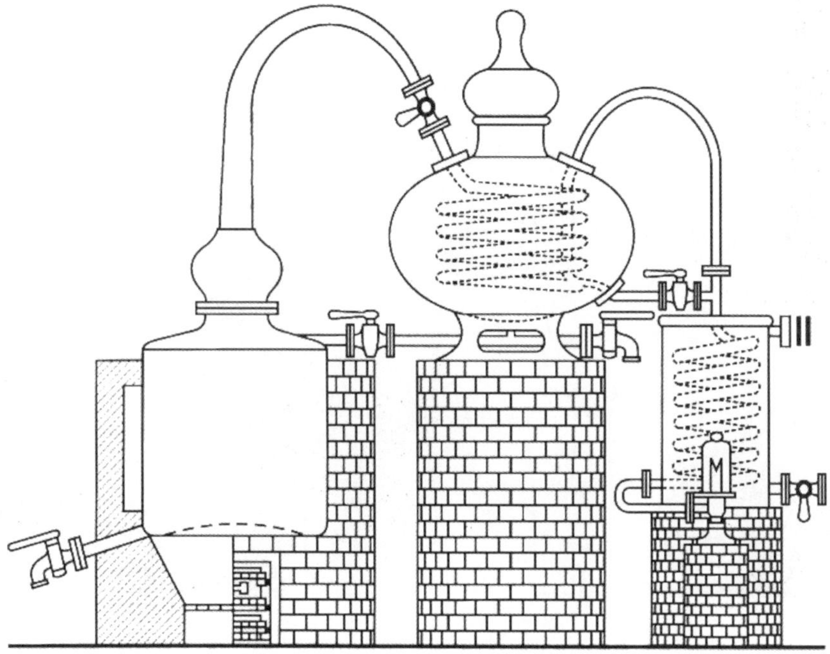

Figura 1.5. Alambique de dois corpos, da região de Charente, França (adaptado de Mariller); esta foi a primeira evolução importante na fabricação da aguardente no Brasil

Figura 1.6. Alambique de três corpos (original do autor, 1963, destilaria piloto Professor Juvenal Mendes de Godoy - Esalq/USP)

A seguinte foi a sua obtenção em colunas de destilação contínua, introduzidas na década de 1950, nas quais a destilação da aguardente é feita de maneira continuada e automática durante todo o dia, como nas fábricas de álcool industrial (Figura 7.2.9).

Nas colunas, o vinho é introduzido pela parte de cima, desce para a base e, nesse trajeto, o álcool é destilado para cima, ao mesmo tempo em que vai concentrando. O destilado sai pela parte superior, passa por um condensador para condensar a aguardente e por um resfriador para resfriá-la. Na base da coluna sai a vinhaça (Figura 7.2.9).

Quando as primeiras colunas para destilação de aguardente foram construídas, e construíram as primeiras colunas de destilação de aguardente, por volta de 1950, as colunas se pareciam muito com as colunas de destilação do álcool industrial e as aguardentes produzidas eram puras demais porque retiravam muito dos componentes secundários; a bebida era parcialmente retificada. Inicialmente, isso causou a recusa das aguardentes produzidas "em colunas", mas elas foram redesenhadas e hoje as grandes destilarias trabalham com colunas de destilação contínua. É possível obter aguardente de boa qualidade em colunas de destilação, comparáveis às feitas em alambiques.

1.7. Envelhecimento

O envelhecimento das aguardentes é um tratamento para lhes conferir melhores características e, em consequência, maior atratividade para consumo. Ele se constitui basicamente do armazenamento prolongado da bebida em toneis de madeira adequada. Nesse período há perda de alguns componentes do destilado e tempo para que seus constituintes estabilizem ou reajam entre si, e para que a aguardente adquira pigmentos, sabor e aroma das madeiras em que é armazenada.

Em outros países também são produzidos destilados de cana (runs) e de outras matérias-primas, como o uísque (de cevada) e o conhaque (de uva). Todas têm graduação alcoólica semelhante; entretanto, suas características são diferentes da bebida brasileira. O uísque e o conhaque são envelhecidos. Há runs envelhecidos e outros não.

O envelhecimento causa diversas modificações nas aguardentes que melhoram suas características de qualidade. A pinga, também denominada cachaça e caninha, entre muitos outros apelativos, é bebida típica brasileira, normalmente não envelhecida, a não ser em pequenos engenhos, nos quais o comércio é menos intenso e a aguardente permanece armazenada por longo período. Esse armazenamento propicia a obtenção de bebida melhor e proporciona maior demanda e melhor remuneração.

Há costume de adicionar caramelo e extrato de madeira à aguardente, mas esse artifício não lhe comunica características de envelhecida. As grandes indústrias engarrafadoras não fazem envelhecimento; elas realizam uma homogeneização de grandes volumes antes do engarrafamento e isto propicia a comercialização de grandes lotes uniformes, mas não com características de envelhecimento, encontradas em algumas aguardentes produzidas em destilarias pequenas.

Os Capítulos 8 e 9 tratam deste tema e de inovação tecnológica em detalhes.

MATÉRIA-PRIMA

2

2.1. Considerações gerais

Cana-de-açúcar é a matéria-prima para a produção da aguardente, mais propriamente seu caldo. Ele é um meio líquido rico em açúcares, sais minerais e substâncias orgânicas que favorecem o desenvolvimento das leveduras e suas atividades para transformar os açúcares em álcool e gás carbônico.

Sem precisão de data, até os meados do século XX havia produtores que obtinham a bebida do melaço residual da fabricação do açúcar em pequenos engenhos, popularmente conhecidos por banguês. Esse melaço é rico em açúcares não cristalizáveis economicamente, sais minerais e outras substâncias orgânicas da cana e água em proporção suficiente para manter alta a concentração dos componentes. Para se tornar matéria-prima para fermentação, é preciso diluí-lo com água até concentração similar à do caldo da cana. Aos poucos, sua produção foi diminuindo com o fechamento de pequenos engenhos produtores de açúcar. Seu desaparecimento se deveu ao desenvolvimento e o aumento da produção de açúcar branco em indústrias sempre maiores e mais técnicas. É possível que ainda se encontrem pequenos engenhos em que se produza aguardente de melaço. O país é muito grande.

Não foi encontrada referência sobre aguardente feita com melaço de usinas produtoras de açúcar branco, nem mesmo de ensaios de laboratório. A fermentação deve apresentar exigências especiais. A clarificação do caldo de cana com derivados de enxofre possivelmente interfere na fermentação. Ademais, não apresenta interesse industrial, porque as milhares de toneladas de melaço das usinas de açúcar são usada como matéria-prima para a produção de etanol e para outras finalidades.

2.2. Composição da cana-de açúcar

Como matéria-prima, vale considerar a composição da cana sob o aspecto químico e sob o aspecto tecnológico.

Composição química (centesimal) da cana

A composição química varia nas diferentes regiões açucareiras, nas diferentes localidades de uma mesma região e nos distintos anos na mesma localidade, por influência de variedade, idade, sanidade, tratos culturais, climas, solos, temperatura, umidade, precipitação pluvial, adubação e outros, o que não permite citar números que representem uma composição química universal. Entretanto, a Tabela 2.1 exemplifica uma composição que orienta sobre o assunto.

Tabela 2.1. Composição centesimal da cana-de-açúcar

Água 74,50 (65-75)	
Açúcares 14,00 (12-18)	Sacarose ... 12,5 (11-18) Glicose ... 0,9 (0,2-1,0) Levulose ... 0,6 (0,0-0,6)
Fibras 10,00 (8-14)	Celulose ... 5,50 Lignina ... 2,0 Pentosana (Xilana) ... 2,0 Goma de Cana (Arabana) ... 0,50
Cinza 0,50 (0,40-0,80)	SiO_2 ... 0,25 K_2O ... 0,12 P_2O_5 ... 0,07 CaO ... 0,02 SO_3 ... 0,02 NaO ... 0,01 MgO ... 0,01 Cl ... traços Fe_2O_3 ... traços
Matérias Nitrogenadas 0,40 (0,30-0,60)	Aminoácidos (como Ácido Aspártico) ... 0,20 Albuminoides ... 0,12 Amidas (como Asparagina) ... 0,07 Ácido nítrico ... 0,01 Amoníaco ... traços Corpos xânticos ... traços
Gorduras e Ceras 0,20 (0,15-0,25)	
Substâncias Pécticas, Gomas e Muscilagens 0,20 (0,15-0,25)	
Ácidos Combinados 0,12 (0,10-0,15)	Malíco Sucínico Etc.
Ácidos Livres 0,08 (0,06-0,10)	Malíco Sucínico Etc.
Matérias Corantes Não dosadas	Clorofila Antocianina Sacaretina Stenwald, Polifenois ou Substâncias Cromogeneas

Fonte: Leme; Borges. Açúcar de cana – 1965

Composição tecnológica da cana-de-açúcar

Também denominada de qualidade tecnológica, a cana é constituída de fibra e caldo (Tabela 2.2); fibra é praticamente o bagaço, e o caldo é a parte formada por água que contém dissolvidos os açúcares, sais minerais e outros materiais orgânicos indicados na Tabela 2.1.

Tabela 2.2 Composição tecnológica da cana-de-açúcar

Cana				
	Fibra 8-14		**Açúcares** 15,5-23,5	**Sacarose** 14,5-22
		Água 75-82		**Glucose** 0,3-1,1
	Caldo 86-92	**Sólidos** 18-25		**Levusole** 0,0-0,7
			Não Açúcares 1,5-2,5	Matérias Nitrogenadas Ácidos Aminados Sais Minerais Substâncias pécticas, gomas e muscilagens Ácidos livres Matérias corantes Gorduras e ceras

Fonte: Leme; Borges. Açúcar de cana - 1965

2.3. Matéria-prima e a produção da aguardente

Para a fabricação de aguardente os componentes mais importantes são os açúcares. Durante a maturação da cana, a sacarose (comumente açúcar) aumenta até atingir os limites extremos indicados na análise química (12 a 18%). Os teores de glicose e de frutose diminuem até limite de 0,2%. A frutose diminui mais depressa e chega a desaparecer, em certos casos. A glicose está sempre presente, mesmo nas canas mais maduras.

A sacarose é o componente que mais interessa; quanto mais elevada for a sua percentagem, mais elevado será o rendimento industrial. A maior riqueza em sacarose é alcançada com a plena maturação, motivo por que é importante para os bons resultados da fábrica saber quando a matéria-prima está plenamente madura.

A cana inteira apresenta a composição centesimal expressa na Tabela 2.1, mas a indústria se interessa mais pela composição indicada na Tabela 2.2, que indica a qualidade tecnológica da matéria-prima.

Por esse ponto de vista, a cana é constituída de fibra e de caldo (Tabela 2.2); fibra é praticamente o bagaço, e o caldo é a parte formada por água, açúcares, sais minerais e outros materiais dissolvidos.

A safra dura 120 dias ou mais, de acordo com as condições climáticas, mas a qualidade da bebida será superior se as canas usadas para sua obtenção forem maduras, sadias e recém-cortadas; são três condições exigidas de qualquer variedade cultivada.

A menção a variedade se relaciona com a frequente indagação sobre qual é a melhor cana para "fazer aguardente". Esta pergunta costuma ser acompanhada de sugestão para se fixar *terroir*.

Ambas sugestões merecem comentário.

Se as canas cultivadas fossem espécies puras cultivadas indefinidamente, talvez pudessem ser destacadas as melhores dentre elas, porém as canas cultivadas industrialmente não são espécies puras e sim híbridos resultantes de cruzamento entre espécies, entre espécie e híbridos e entre híbridos, que oferecem características diferentes de resistência a pragas e doenças, de teor em sacarose, arquitetura da planta, rebrota, perfilhamento nas diferentes colheitas, permanência dos rendimentos agrícolas em açúcar, longevidade e outras. Há variedades longevas e as que perdem características industriais e têm de ser substituídas. A substituição frequente não permite eleger a melhor cana. Além disso, é preciso lembrar que o canavial deve integrar variedades de maturação precoce, média e tardia, o que aumenta a variabilidade das plantas em cultivo.

Terroir não se aplica, pois é entendido como um terreno geralmente de pequena extensão, com características especiais de composição e condições geográficas definidas. Não suscetíveis para expansões.

A cana-de-açúcar para obtenção de boa bebida tem de estar sadia, madura e ser recém-colhida. São condições imprescindíveis para obter bebida de boa qualidade, acompanhadas de tecnologia de fabricação muito bem cuidada.

Cana sadia é a que integra um canavial sadio, ou seja, canavial composto de touceiras de colmos bem desenvolvidos, de crescimento uniforme desde a brotação. Perfilhação uniforme, folhas firmes e verdes demonstram canas sadias. Folhas amarelecidas, caídas, colmos enrugados indicam anormalidades, como infestação, contaminação e diferentes sintoma de falta de umidade.

O máximo em termos de sanidade "seria" isento de doenças e pragas. Entretanto, essa condição não é viável, porém é correto afirmar que está sadio com as pragas e doenças sob controle. Há um mínimo de anormalidade nos canaviais, sobretudo nos que ocupam grandes áreas. Pragas e doenças são insidiosas e devem estar sob contínua vigilância; todas são prejudiciais.

Doenças e pragas ocorrem sempre e com frequência surgem novas infestações e contaminações que exige atenção especial de técnicos e instituições especializadas. Há algumas, que se classificaria de clássicas, causadoras de grandes prejuízos, representadas nas Figuras 2.1 e 2.2, que exigem constante e rigorosa vigilância.

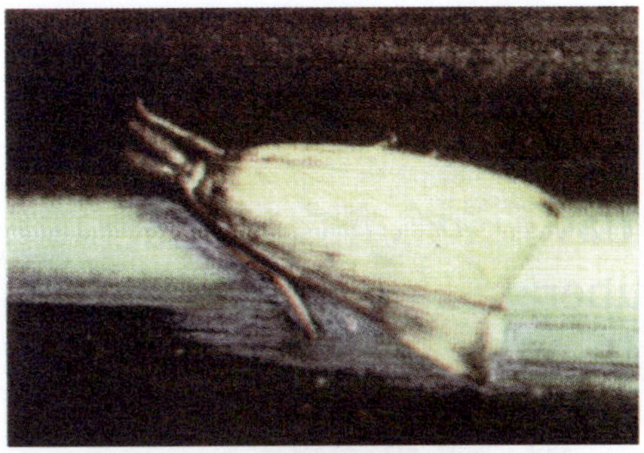

Adulto

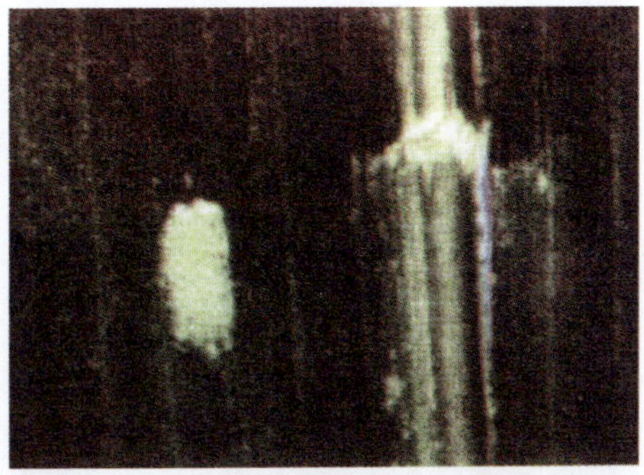

Ovos

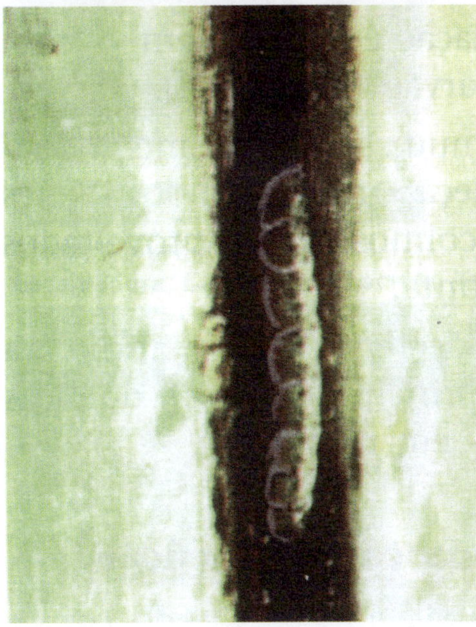

Lagarta

Crisálida

Broca da cana-de-açúcar: *Diatraea saccharalis* sp.

Adulto

Espuma que protege as ninfas

Cigarrinha da folha: *Manaharva posticata*

Figura 2.1 Pragas da cana-de-açúcar (Fonte: LIMA, 1999)

Sintoma foliar da fase crônica

Sintoma agudo com brotação lateral

Escaldadura: Causada por bactéria *Xanthomonas albilineans* (Ashby) Dowson

Chicote

Touceira afetada

Carvão: Causado por fungo *Ustilago scitaminea* Syd

Folha afetada

Touceira afetada

Mosaico: Causado por vírus

Figura 2.2 Doenças da cana-de-açúcar (Fonte. LIMA, 1999)

A maturação é um fenômeno que indica o máximo do desenvolvimento vegetal. Ele não é súbito e progride com o crescimento do vegetal. Cada um tem seu tempo ótimo, de duração, que determina sua utilização econômica. A maturação fecha o ciclo biológico da cana iniciado com a brotação do colmo. O ciclo é longo e do ponto de vista agrícola podem ser distinguidos dois ciclos, que dependem da época do plantio. Por esse critério existem as canas denominas de ano e as de ano e meio.

Sem detalhes, estas são plantadas antes do período chuvoso, brotam e crescem no período úmido, diminuem o crescimento no intervalo de pouca pluviosidade e frio. Seu ciclo passa de um ano para outro. As canas são vigorosas e rendem mais por hectare.

As canas de ano são plantadas no início do ano, no final do período chuvoso e crescem menos até a colheita, que rende menos por hectare.

De ano, ano e meio, de maturação precoce, média ou tardia, a cana é destinada à fabricação da aguardente. Os melhores resultados dependem em primeiro lugar da lavoura, ou seja, da boa qualidade da matéria-prima, sadia, madura e de colheita recente.

Estes três itens são fundamentais, com destaque para a maturação.

2.4. Maturação

A maturação é avaliada por métodos empíricos, técnico, ou técnico científico. São empíricas as avaliações da maturação pela aparência e pela idade do canavial. O tempo decorrido após o plantio, ou início da rebrota, indica a idade e o vigor dos colmos indicam seu desenvolvimento e podem sugerir que o canavial pode ser colhido. Não há rigor na avaliação e o momento de corte pode ainda não ter chegado. O caldo apresenta dificuldade para fermentar ou não fermenta e sobrevêm prejuízos financeiros.

A melhor maneira de avaliar a maturação é pela análise química, que indica a riqueza em sacarose e outros açúcares, que apontam com segurança o desenvolvimento adequado das canas.

No Brasil, de longa data é aceito que a cana está madura quando o caldo atinge o limite mínimo de 18% de sólidos solúveis (18° Brix), 15,3 de Pol (sacarose por polarização), Pureza 85 (Pol % de Brix) e máximo de 1% de açúcares redutores (glicose mais frutose). Com a maturação o teor de açúcares redutores diminui em relação a seu teor na cana ainda verde. Na cana madura os açúcares redutores podem dosar menos de 1%, apenas com glicose e nada de frutose.

Para determinar a maturação pelos índices mencionados, é necessária uma análise laboratorial. Esses índices são válidos para o início de safra em uma usina de açúcar, destilaria autônoma de álcool e de aguardente. Entretanto, quando em uma usina de açúcar há excesso de cana a moer, e conveniência de adiantar o início da safra, ou há período muito chuvoso, é admitida uma alteração dos índices para Brix mínimo de 18°, Pol mínimo de 14,4, Pureza mínima de 80 e máximo de 1,5% de açúcares redutores. Todavia, é mantido o valor mínimo de sólidos em solução em 18° Brix para aceitação da maturação. Esse valor pode ser considerado como valor-chave.

Esta alteração é válida para usinas de açúcar, mas não para destilarias autônomas de álcool e de aguardente, porque no primeiro caso vai ser separada a sacarose e nas destilarias a sacarose será desdobrada em álcool e gás carbônico pela ação de leveduras. Estas, normalmente exigem caldo de cana rigorosamente madura. Os fabricantes de aguardente, qualquer que seja sua capacidade fabril, devem respeitar esse limite no início da safra para serem bem-sucedidos e evitar perdas financeiras. O alerta é válido para destilarias autônomas de etanol.

O autor teve oportunidades de observar que leveduras não se multiplicavam em caldos com Brix inferior a 18°, mesmo com repetidas substituições de fermento.

No momento em que o caldo acusou 18° Brix tudo mudou. As leveduras multiplicaram, tomaram conta do mosto e as fermentações seguiram normais, sadias, por muitos ciclos.

O fato sugere que a cana não totalmente madura acusa falta de elementos na composição do caldo. Por ter ocorrido com caldo de uma variedade de cana largamente difundida à época e de excelente desempenho agrícola, foi imaginado que, naquela fase vegetativa, havia falta ou teor insuficiente de algum componente para estimular o metabolismo das leveduras. Foi pensado que o fato seria devido a carência de aminoácidos.

A variedade de cana foi substituída e o fenômeno não se repetiu. O fato é possível porque foi adotada a técnica de não tentar mais fermentar caldo com teor de Brix inferior a 18°. A hipótese não foi contestada e continua a ser um bom projeto para pesquisa.

Além de ser sadia e estar madura, é importante que os colmos sejam recém-cortados, para o melhor resultado técnico da operação.

Assim que ocorre o corte, a cana entra em processo de deterioração que se inicia pela inversão da sacarose a partir da ponta. A deterioração recomenda moer cana colhida a mais de 72 horas. O ótimo é colher e levar para a moenda; a cana é considerada boa com 48 horas e problemática com mais de 72 horas, não aconselhável para o trabalho indústria.

Lamentavelmente, muitos fabricantes desconhecem o fato, ou são apressados, não têm paciência para esperar o amadurecimento, colhem a cana fora da hora e têm prejuízo.

EXTRAÇÃO DO CALDO

3

3.1. Considerações gerais

O caldo é o material básico para a obtenção da aguardente, tanto quanto para a obtenção do açúcar (sacarose). São operações distintas, que dependem da ocorrência da sacarose. Para obtê-la o caldo é concentrado por aquecimento até que aflorem os cristais. Para obter aguardente a sacarose em solução diluída na forma do caldo é submetida à ação fermentativa de leveduras alcoólicas.

Para as duas manufaturas o caldo é extraído por esmagamento direto da cana em moendas. A quantidade de caldo extraído é fundamental para o bom resultado econômico da destilaria, razão pela qual uma moenda deve aliar capacidade de moagem e eficiência de extração.

Extração quer dizer a quantidade de caldo, ou de açúcar extraído por tonelada de cana e qual capacidade de cana a moenda esmaga por unidade de tempo, expressa por hora, ou por dia.

Quanto mais caldo é extraído, mais açúcar é obtido e mais aguardente pode ser produzida.

Grande capacidade significa moer grande quantidade de canas e grande extração significa tirar da cana grande quantidade de caldo. Uma coisa não é consequência da outra e pode até significar o oposto: maior extração, menor capacidade. A capacidade depende da dimensão, solidez, qualidade do material usado na construção, velocidade, ranhuras, pressão nos cilindros e perfeição do assentamento da moenda.

A eficiência, além dos fatores mencionados, depende do número de cilindros (número de moendas) e da regularidade da alimentação da unidade moedora. Assim, em igualdade de condições de manutenção e assentamento, uma moenda equipada com rolos de 40 x 60 cm é menos eficiente do que duas com cilindros de 35 x 45 cm. A afirmação é válida para maiores dimensões.

No trabalho de moagem não se deve exagerar a alimentação das moendas ou aumentar a sua velocidade com o fim de se conseguir maior capacidade da fábrica.

3.2. Tipos de moendas

Os chineses foram os precursores da extração do caldo de cana com moendas e, da antiguidade até nossos dias, não cessaram os aperfeiçoamentos. Das moendas de madeira ou de pedra, de dois cilindros verticais, que não extraíam mais que 10-15% do caldo de cana, chegou-se às moendas de três cilindros horizontais, de ferro, comumente dispostas e assentadas em série, que extraem mais de 90% do caldo existente na cana.

Figura 3.1. Moenda de pedra (Fonte: Almeida, 1938)

Algumas moendas foram construídas com mais cilindros, em número de quatro, cinco e seis (Figura 3.2), mas predominaram as de três rolos.

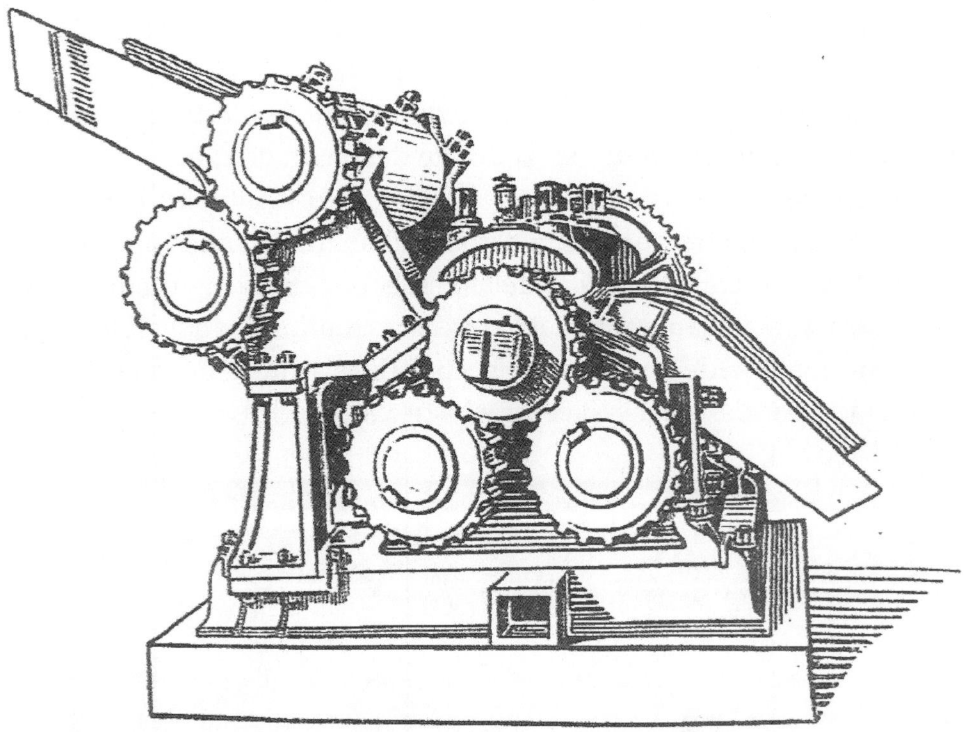

Figura 3.2. Moenda Thomson-Black de 6 cilindros na década de 1940 (Fonte: Almeida 1938)

A força motora utilizada variou da tração humana, animal e água corrente, para vapor e eletricidade.

Para obter boa eficiência com alta extração de caldo é preciso saber escolher a moenda, qualquer que seja o seu tamanho, tipo, modelo ou capacidade. Desta escolha depende, em grande parte, o sucesso da fábrica, pois o poder extrativo da moenda está diretamente ligado a maior ou menor produção de aguardente.

Há no comércio muitos tipos de moendas para fábricas de aguardente de diferentes capacidades projetadas por construtores de equipamentos. Ao instalar uma destilaria, o futuro fabricante deve estudar bem o projeto e procurar ouvir o aconselhamento de técnicos experiente e não se encantar pelo menor preço. O projeto de experientes técnicos construtores é garantia do sucesso industrial. Devem ter dimensões que se aproximem de uma relação comprimento/diâmetro de duas vezes, ou seja, o comprimento é o dobro do diâmetro com variações pequenas entre as duas dimensões.

Nas pequenas destilarias é comum o uso de uma única moenda, mas esta não extrai todo o caldo da cana e, obviamente, todo o açúcar que ele contém. Um único terno esmagador extrai comumente de 40 a 45% de caldo.

Numa pequena destilaria há perda muito grande da sacarose que a cana contém, o que causa baixo rendimento em aguardente, mesmo que as demais operações de fabricação sejam as melhores. Este é um ponto importante a resolver para reduzir o custo de produção da bebida destilada.

A moenda precisa oferecer completa segurança, estabilidade e funcionamento perfeito, condições que dependem da sua construção e assentamento, que influem na eficiência. A construção deve ser robusta e o assentamento perfeito.

A moenda que oferecer estas características permitirá maior aperto nos cilindros dando, consequentemente, maior rendimento em caldo por unidade de massa de cana.

Uma moenda de fraco poder de extração não aproveita adequadamente o açúcar contido nas canas. O investimento em moendas maiores aumenta o custo da extração, mas a capacidade nominal maior permite melhores condições de trabalho. Uma delas é a de poder obter a quantidade de caldo necessária para alimentar as dornas mais rapidamente do que as moendas pequenas, que exigem maior tempo de moagem com menor quantidade de caldo obtido por hora. Muitas destilarias ficam com a seção de fermentação estrangulada por deficiência da extração de caldo.

A. Destilaria piloto Prof. Juvenal Mendes de Godoy, ESALQ/USP (desativada)

B. Destilaria do sítio Refúgio, Piracicaba (SP)

Figura 3.3. Ternos de moenda (A e B). (Fonte: originais do autor, 1999)

Prescindindo-se do estudo das moendas de rolos verticais, de ferro, de madeira ou de pedra, um dos tipos mais simples é constituído de três cilindros de ferro fundido resistente, horizontais e providos de eixos de aço que giram em mancais de bronze. Estes são apoiados nos dois castelos laterais, construídos em ferro fundido, que se fixam sobre a base da moenda, também de ferro fundido, possuindo no centro a parte coletora do caldo. O encamisamento dos eixos deve ser feito a pressão hidráulica e nunca a fogo. A movimentação dos cilindros é feita por motores a vapor ou elétrico, por meio de engrenagens redutoras, para dar, aos cilindros esmagadores, velocidades de 2 a 7 RPM. Para destilarias onde não há eletricidade nem vapor, o acionamento pode ser feito por rodas d'água ou por animais. Entre os eixos há uma peça denominada bagaceira, que encaminha a cana esmagada para saída e novo esmagamento, o que influi na operação de moagem. Sua perfeita regulagem é importante para o bom desempenho da moenda na extração do caldo.

As moendas das pequenas destilarias são construídas com capacidade de esmagamento de duas até 15 toneladas por dia. Em destilarias de cana que esmagam mais de 70 toneladas por dia é mais aconselhável a instalação de mais ternos ou jogos de moenda, um seguido ao outro, na mesma linha, ligados por esteira intermediária, que passa o bagaço da primeira para a segunda e da segunda para a terceira moenda, recebendo o conjunto a denominação de tandem ou trem.

3.3. Preparação da cana antes da moagem

A preparação da cana antes da moagem não é feita nas pequenas destilarias. A operação de cortá-la e picá-la em pedaços melhora a alimentação, aumenta a capacidade da instalação, a extração de caldo, da quantidade de sacarose e melhora o rendimento industrial. Também reduz a energia necessária para acionar as moendas, o desgaste dos cilindros, a variação da tonelagem de cana moída, as diferenças entre as fibras da cana e a influência das fibras duras e moles na moagem; cortando, dilacerando e desfibrando a cana, condiciona-a para receber embebição.

A preparação da cana não é comumente feita nas pequenas destilarias porque exige equipamento especial que eleva o investimento.

A extração é praticamente governada pelos mesmos fatores que fazem variar a capacidade. Assim sendo, a capacidade, a qualidade e a quantidade de fibra existente na cana, o número de rolos, suas ranhuras, a distância entre os rolos, seu estado de conservação, a pressão exercida, o assentamento da bagaceira, a velocidade e o elemento humano podem se alinhar como os principais fatores que intervêm e fazem variar a extração de uma unidade esmagadora.

As moendas recebem a energia motora de várias procedências: motor elétrico, através de redutores de velocidade, por acionamento animal com almanjarras e por acionamento hidráulico, com rodas d'água.

Estima-se que é de 5 CV a energia requerida para moer uma tonelada de cana por hora, numa única moenda em que o comprimento do cilindro é igual a duas vezes o diâmetro dos rolos. Quando o comprimento for menor que duas vezes o diâmetro, para a mesma capacidade necessita-se maior potência. Ao contrário, quando o comprimento for maior a potência requerida é menor para a mesma quantidade de cana.

3.4. Moagem

Nas pequenas destilarias, a alimentação das moendas é manual; só se consegue uma moagem perfeita quando alimentadas de forma regular, continua e uniforme. A alimentação deve ser feita com número de canas adequado, sem faltar e nem exagerar. A falta impede boa compressão e causa má extração; o excesso pode chegar à ruptura dos cilindros e a parada da operação.

A falta de canas diminui a extração. Dependendo das dimensões dos rolos, a moenda será alimentada com um colmo por vez ou em feixes.

O bagaço sai inteiro ou pouco quebrado, dependendo do ajuste dos cilindros. Os bagaços inteiros podem retornar à moenda para outra moagem e mais extração, ou então são depositados em área contígua.

3.5. Cuidados

As moendas são o ponto de partida da fabricação; além de serem bem escolhidas, devem ser objeto de cuidados especiais tais como limpeza rigorosa dos cilindros, castelos, bicas, condutores de caldo e bombas ao final das operações do dia e, pelo menos, desinfecção semanal. As destilarias artesanais costumam trabalhar apenas durante o dia e parar nos finais de semana, motivo porque qualquer material açucarado residual deve ser eliminado; ele é meio de desenvolvimento de leveduras, mas também de bactérias que podem infeccionar os mostos e vinhos.

Atualmente estão disponíveis diversos sanitizantes, próprios para indústria de alimentos e de bebidas, que podem ser usados nas destilarias, com os cuidados recomendados pelos fabricantes. Um cuidado especial é não deixar resíduos de desinfetantes que possam prejudicar a fermentação, contaminar os vinhos ou serem arrastados com o destilado. Na falta de sanitizantes específicos, soluções de hipoclorito de cálcio a 5% e de formol a 2% são adequadas.

Após a sanitização deve ser feito enxágue com água em abundância. A lubrificação de mancais, a verificação do aperto de parafusos, o ajuste dos cilindros e bagaceira deve ser feito com frequência e a lubrificação deve ser observada todos os dias. Se a lubrificação não é automática ou feita com graxa de longa duração, sua supervisão deve ser mais cuidadosa.

Outra técnica para extrair a sacarose da cana é empregar o método da difusão, que em simples descrição é a lavagem da sacarose contida na cana, após sua desintegração em equipamento especial - não se trata de moagem.

Essa técnica foi proposta e introduzida em alguns países na segunda metade do século XX, mas não substituiu a moagem mesmo com a possibilidade de extração maior, superior a 95%.

A difusão se baseia no mesmo princípio de extração da sacarose da beterraba açucareira, relatada sem detalhes, adiante neste capítulo.

Em descrição sumária, a difusão pode ser explicada como a lavagem da sacarose contida na cana após sua desintegração em equipamento especial. Não se trata de moagem.

Em uma destilaria não muito grande, com capacidade de moagem de aproximadamente 120 toneladas de cana por dia e produção de cerca de 2 milhões de litros de destilado, o uso de difusor resultou em aumento de 16% de destilado.

Esse resultado foi conseguido em uma safra de cinco meses, em uma instalação que registrou 84% de extração em tandem de nove rolos (três moendas) com embebição. Com um difusor a extração atingiu 97%.

3.6. Difusão

A cana-de-açúcar, por muitos séculos, foi a matéria-prima para a obtenção do açúcar. Seu comércio, cultivo e industrialização constituíram monopólio de países como Portugal, Grã-Bretanha e Holanda.

No século XVIII surgiu-lhe uma competidora. Em 1747, Andreas Margraaf descobriu na Alemanha (Prussia) um açúcar cristalizável nas raízes de beterraba e o identificou como sacarose. Em 1796, Franz Karl Achard, alemão filho de refugiado francês, desenvolveu processo industrial para extraí-la, quase 50 anos depois de sua identificação.

O baixo teor inicial de sacarose nas raízes foi melhorado até aos teores atuais ao redor de 20% e sua extração passou a ser comercialmente competitiva.

A cultura se expandiu a partir da Alemanha e alcançou Ucrânia, Rússia, Polônia e Estados Unidos da América, os quatro maiores produtores com predominância da Ucrânia.

A industrialização do açúcar de beterraba se firmou na Europa a partir de 1815 e se mantém como forte competidora global da indústria canavieira.

A partir da segunda metade do século XX, construtores de equipamentos para usinas de açúcar de vários países passaram a oferecer difusores para usinas de açúcar de cana e os instalaram em competição com as moendas. No Brasil, vários fabricantes ofereceram seus equipamentos em uma concorrência internacional que previa a instalação de nova usina de açúcar e destilaria no Norte do país. O projeto não foi executado.

Em período coincidente com o plano nacional de busca pela produção de energia alternativa renovável, funcionou uma destilaria de aguardente em que o açúcar da cana era fermentado após extração por difusão.

Pela bibliografia, no século XIX, uma fábrica de rum no Caribe teria usado caldo de cana obtido por difusão.

As informações sobre o uso da difusão para extrair a sacarose são principalmente dirigidas à obtenção do açúcar e não do etanol. O líquido doce e quente da maceração no difusor, livre de fibras vegetais por prensagem, segue diretamente para a fabricação do açúcar. Por dedução, o etanol será produzido por fermentação do melaço residual.

Não foram encontradas referências sobre destilarias autônomas de etanol equipadas com difusor, mas há experiências de produção de aguardente, que merecem atenção e mais_estudos, que poderão gerar nova tecnologia para a produção da bebida brasileira.

O processo de difusão consta da imersão de colmos de cana desintegrados, ou de fatias de raízes de beterraba açucareira em água em um recipiente onde a sacarose é lixiviada das fibras vegetais. Por prensagem, as fibras são separadas da água usada para deslocar a sacarose. A riqueza em sacarose no líquido depende do grau de cominuição do material vegetal fibrosa e da pressão aplicada.

A separação da sacarose é feita na água de maceração, por processo que envolve osmose e lavagem das fibras da cana ou das fatias das raízes da beterraba. Por prensagem, as fibras são separadas da água transformada em solução diluída de sacarose, outros açúcares, sais minerais e outros sólidos solúveis.

Esses fatores determinam o rendimento da extração. A difusão aplicada nas canas no início da introdução do processo, se mostrava superior ao das moendas, mas seu aperfeiçoamento diminuiu as vantagens do processo de difusão sobre a moagem.

A difusão aplicada à cana vem sendo oferecida industrialmente desde a segunda metade do século XX, com equipamento especificamente projetado.

3.7. Extração da sacarose da beterraba

Este texto é ilustrativo para conhecimento do modo de extração da sacarose da beterraba açucareira.

Em linhas gerais, sem detalhes, as raízes são arrancadas, transportadas para a usina lavadas e armazenadas para a industrialização.

Esta começa pelo esfatiamento das raízes e sua condução para o difusor, onde são submetidas a maceração em água quente e em movimento da entrada para a saída do equipamento. Durante esse trajeto, a água embebe as fatias e promove a difusão da sacarose para o exterior das células das raízes. Depois desse efeito, as fatias são prensadas para o esgotamento da solução de sacarose que segue para o processo tecnológico da separação do açúcar.

O processo, com suas peculiaridades, é semelhante à obtenção do açúcar de cana.

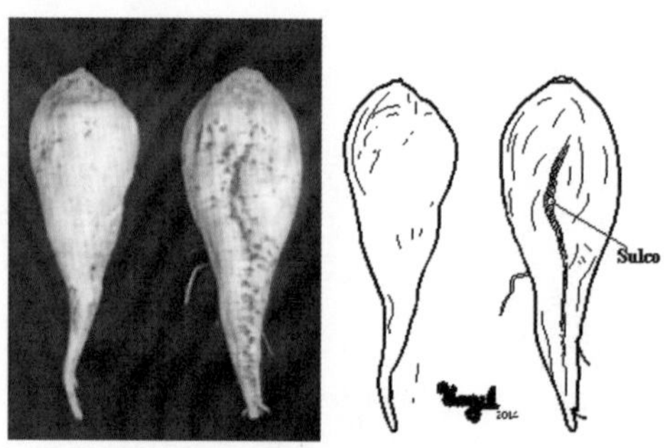

Figura 3.4. Beterraba açucareira (raíz)

(Imagem de Aixklusiv por Pixabay)

Figura 3.5. Planta da beterraba

3.8. Difusão na fabricação de aguardente

Como retrocitado, o rum teria sido produzido no fim do século XIX em país do Caribe e aguardente de cana no Estado de São Pulo na década de 1970.

Posteriormente, um empresário construiu um difusor para uma pequena destilaria de aguardente, representado nas Figuras 3.6 A e B, que demonstrou bom desempenho.

Figura 3.6 A. Difusor LABORE para cana-de-açúcar

Figura 3.6 B. Difusor LABORE para cana-de-açúcar

Seu uso não se difundiu, mas o projeto oferece boas perspectivas com o aperfeiçoamento de técnicas ou adoção de inovações tecnológicas no processo de fabricação da bebida.

3.9. Viabilidade do emprego da difusão na fabricação de aguardente

Há informação sobre a fabricação de rum em país do Caribe no século XIX, fabricação de aguardente de cana no Brasil no século XX e, referência mais recente, da construção de difusor por construtor de equipamentos para fabricar aguardente.

A técnica de difusão, certamente surgiu pela necessidade de extrair a sacarose das raízes de beterraba açucareira, operação não factível por moagem e prensagem. Foi explicado em resumo, que as raízes são fatiadas e imersas em água quente para macerar em movimento, saírem e serem prensadas para eliminar fibras vegetais e esgotar a água, agora doce, pelo deslocamento da sacarose. A água doce e quente segue para a linha de processamento do açúcar, com as peculiaridades da matéria-prima.

Não foi encontrada referência à fabricação de etanol diretamente da água do difusor, que possa assemelhar a uma destilaria autônoma de álcool de beterraba, diretamente da matéria-prima.

Também não foi encontrada referência a destilaria autônoma de cana operando com projeto de extração da sacarose por difusão. Se os dois casos existirem não prejudicarão o raciocínio que segue.

Já houve projeto que propunha o aquecimento do caldo de cana a alta temperatura para promover sua clarificação por precipitação de coloides e sedimentação. Em seguida, resfriamento, inoculação e fermentação. Com caldo claro a fermentação seria mais higiênica, com menos espumas e geração de um vinho de características diferentes; após sua destilação é provável que o produto seja uma bebida com novas características.

No que se refere aos difusores para destilaria de aguardente, os fatos descritos abrem perspectivas interessantes.

O caldo bruto extraído nas moendas é opaco, espumoso por retenção do ar na moagem, viscoso pela presença dos açúcares, não açúcares orgânicos, material coloidal e de cor variada por substâncias corantes. Por aquecimento, esse material precipita e favorece a clarificação após decantação. Quente, tem a contaminação microbiana reduzida. Resfriado a temperatura adequada está apto a receber leveduras selecionadas que realizam operação pura, rápida e em condições higiênicas superiores.

A alta temperatura de trabalho e o tempo de sua aplicação podem não esterilizar o meio, mas por condições semelhantes a pasteurização, reduzirão a flora microbiana inicial e permitirão trabalhar com leveduras selecionadas com reais sucessos. Estas considerações poderão sugerir a aproximação de construtores de equipamentos, fabricantes de aguardente e pesquisadores para desenvolver novas tecnologias e tornar viável o uso de difusão nos engenhos. Também, fazer surgir destilado com novas características, sem perder a tipicidade.

O projeto mostra-se viável, mas exige que projetistas, aguardenteiros e pesquisadores se aproximem.

4

PREPARO DO MOSTO

4.1. Considerações gerais

Todo líquido apto a fermentar denomina-se mosto. O caldo de cana coado é mosto natural, mas deve ser preparado convenientemente para permitir fermentação eficiente e melhores resultados em quantidade e qualidade da aguardente.

O preparo do mosto consiste no condicionamento do caldo para permitir o bom desenvolvimento das leveduras. Ele se inicia pela côa para eliminar impurezas e segue pelo ajuste da concentração dos açúcares, adição de nutrientes, acerto da reação ácida, da temperatura e neutralização da ação de outros microrganismos.

Nos laboratórios ela é feita pela esterilização via aquecimento a temperaturas letais para os microrganismos presentes e resfriamento posterior, ao abrigo do ar e do contágio de outros microrganismos. Esse procedimento, caro e complexo para aplicação industrial, sobretudo em pequenas instalações, não é imprescindível. Mesmo em presença de organismos diferentes das leveduras, é possível realizar boa fermentação alcoólica, desde que o mosto, apesar de não esterilizado, apresente condições favoráveis ao desenvolvimento da levedura alcoólica em detrimento dos microrganismos prejudiciais.

Industrialmente consegue-se esta condição com asseio geral, correção do mosto e escolha de levedura adequada. Asseio geral na fábrica é fundamental para todas operações. Em primeiro lugar devem ser tomados todos os cuidados durante a fabricação, limpando-se muito bem as moendas, depósitos de caldo, dornas, bombas e canalizações que se põem em contato direto com o mosto.

Identicamente, a sala de extração do caldo e a sala de fermentação devem ser mantidas sob rigorosa limpeza diária, completada com cuidados de sanitização, usando desinfetantes que impeçam ou diminuam a contaminação.

A limpeza da maquinaria é feita por lavagem diária; a desinfecção é executada antes do início da moagem, ou semanalmente, com sanitizantes, solução de formol a 2% ou de hipoclorito de cálcio a 5%, aplicados com brocha fina ou um pulverizador. As paredes e pisos das salas precisam ser lavados diariamente e enxaguados com muita água.

Em muitas partes da instalação, como nas moendas, esteiras e coador de caldo, a aplicação diária de jatos de vapor, quando disponível, é bom meio de auxílio à assepsia.

Em segundo lugar, o mosto deve ser submetido a correção, para que a levedura encontre nele todas condições propícias ao seu desenvolvimento e à máxima atividade fermentativa.

Depois do bom condicionamento do mosto, os fermentos adequados, adicionados em quantidade suficiente, predominarão nas fermentações que, consequentemente, serão rápidas, regulares, completas, industrialmente puras, com alto rendimento, desde que a fabricação seja mantida sob permanente controle.

A falta de controle não é admissível, nem mesmo nas instalações mais rudimentares, pois ele é o ponto-chave de qualquer exploração industrial. Sem ele, por mais rudimentar que seja, o proprietário estará trabalhando às cegas.

4.2. Características físicas e químicas do caldo

Para entender a correção, é bom conhecer as características físicas e químicas do caldo de cana.

Fisicamente é um líquido opaco, de cor variável do pardo ao verde escuro, espumoso, viscoso, de reação ácida e paladar doce. É opaco por causa de colóides, colorido por matérias corantes naturais, compostos polifenólicos e terra que vem aderente aos colmos.

O caldo de cana é espumoso em consequência do ar por ele aprisionado na moagem e devido à presença de certos não-açúcares orgânicos.

Sua viscosidade é devida a presença de matérias gomosas, albuminas, pectina, cera e sílica coloidal. Como a quantidade de albuminas é maior nas partes verdes da cana, o caldo de canas moídas com muito palmito (ponta) é mais rico desse material protéico.

O caldo tem reação ácida, dependente do grau de maturação e do estado de sanidade das canas; seu pH varia de 4,8 a 6,0, sendo mais comuns as variações entre 5,4 e 5,8 nas canas maduras.

O valor do pH é mais baixo nas canas verdes, aumenta à medida que a cana amadurece e diminui nas canas passadas, geadas, queimadas há vários dias, mal armazenadas ou armazenadas por muitos dias depois de cortadas. Nas canas maduras o pH do caldo é praticamente constante.

O caldo extraído na moenda contém ar, todos os constituintes solúveis existentes na cana e, em suspensão, os componentes insolúveis leves e pesados. Os sólidos dissolvidos são açúcares, não-açúcares orgânicos e não-açúcares inorgânicos. A predominância de açúcares confere o paladar doce.

Os açúcares do caldo devem merecer a especial atenção do fabricante de aguardente, pois de sua máxima quantidade dependerá o maior rendimento industrial expresso em aguardente, razão pela qual só se deve trabalhar com canas maduras, cujo caldo acuse Brix mínimo de 18°.

Dentre os não açúcares orgânicos contam-se as substâncias nitrogenadas. Os não açúcares inorgânicos são constituídos principalmente pelos fosfatos, cloretos, sulfatos, nitratos e silicatos de potássio, sódio, cálcio, magnésio, manganês, alumínio e ferro.

Os sólidos do caldo, orgânicos e inorgânicos, e variam dentro de largos limites com as condições culturais das diferentes variedades, condições climáticas, condições mesológicas e condições industriais que presidiram a extração do caldo. O caldo também encerra vitaminas, especialmente do grupo B.

4.3. Microflora da cana-de-açúcar

É conveniente conhecer quais os microrganismos que se encontram presentes na cana-de-açúcar, pelas suas consequências na fermentação do caldo e sobre qualidade da aguardente. Ocorrentes na cana, passam para o caldo quando ele é extraído pela moagem agem sobre ele.

A cana-de-açúcar possui, na sua parte externa, uma microflora muito interessante e assaz complexa, constituída por microrganismos pertencentes aos grupos dos fungos leveduras e bactérias. Entre os fungos, há predominância de *Aspergillus*, *Penicillium* e *Citromyces* que não têm, pelo menos aparentemente, nenhum valor ou influência na fabricação da aguardente.

Entre as leveduras aparecem, principalmente, os *Saccharomyces* e as *Hansenulas*. O *Saccharomyces cerevisiae* é a espécie mais frequente. Dela há várias estirpes, tais como as anteriormente identificadas por *Saccharomyces carlbergensis* e *Saccharomyces uvarum*. Entre elas a *Hansenula anomala* é dominante.

Este grupo de microrganismos que constitui o que se convencionou chamar de leveduras selvagens, tem influência marcante na fabricação da aguardente, no comportamento da fermentação natural do caldo e nas qualidades do produto destilado. A quantidade de leveduras selvagens na cana é pequena, razão principal dos fracassos que se verificam na prática quando se prepara o inóculo (pé inicial, pé-de-cuba ou pé de fermentação) pelo chamado processo caipira, sem os devidos cuidados. No grupo das bactérias há predominância dos microrganismos produtores de ácido láctico e ácido acético.

4.4. Correção do mosto

A correção do mosto de caldo de cana abrange vários setores, obedecendo a seguinte escala de operações: decantação, diluição, temperatura, acidez, adição de sais minerai e vitaminas.

4.4.1. Decantação do mosto

O caldo extraído nas moendas, coado para separar impurezas grosseiras (bagaço, cascas e outras) deve ser decantado para separação das impurezas menores pesadas (terra, areia) e em suspensão, que não foram separadas no coador. A decantação é feita na caixa de recepção do caldo do coador ou em um decantador; a aspiração do caldo pelas bombas ou ejetores é feita em posição distante do fundo para ficar livre dos sedimentos, areia e das demais impurezas pesadas, que sedimentam e são retiradas pelo fundo, por meio de canalização de esgotamento e lavagem.

A decantação evita que a terra e a areia desgastem bombas, ejetores (registros e que sejam carreados germens que afetariam a fermentação.

O decantador e a caixa de recepção devem ser rigorosamente limpos após a moagem ou com a frequência necessária, para evitar a proliferação de microrganismos e a contaminação do mosto antes da sua chegada às dornas de fermentação.

4.4.2. Diluição do mosto

Mostos muito ricos em açúcares comumente fermentam mal, ou incompletamente. As canas maduras geralmente encerram alto teor de sacarose, o que torna conveniente diluir o caldo a fermentar. Quanto mais açúcares, mais álcool a produzir, mas o excesso de álcool no mosto em fermentação prejudica a atividade fermentativa da levedura, que deixa de trabalhar normalmente e produz fermentação incompleta. Com mostos muito concentrados a fermentação é mais demorada, os aparelhos de destilação se sujam com maior facilidade, perde-se açúcar não fermentado e o rendimento alcoólico cai em relação ao açúcar contido no mosto. Para o levedo alcoólico e para a fermentação, a concentração em açúcares do mosto mais favorável varia de 10 a 15%. Soluções mais ricas em açúcar exigem o emprego de estirpes de leveduras mais ativas e especializadas. É preciso concentrar-se em obter maior rendimento em álcool por 100 litros de mosto diluído, porém, sem dificuldades na fermentação.

Convém recordar que só se deve trabalhar mostos de cana cujo caldo apresente, no mínimo, 18° Brix, mas deve ser diluído a 12-16° Brix para a garantia de bons resultados e para que não haja dificuldades na fermentação. Definida a concentração (graus Brix do mosto a fermentar e conhecida a concentração de sólidos solúveis (°Brix) no caldo, é possível calcular o volume de água de diluição a adicionar.

Entretanto, é mais fácil adicionar água corrente e caldo concomitantemente na caixa de recepção do caldo da moenda e, ao mesmo tempo, fazer a agitação e a medição da concentração Brix do caldo. Como vantagem adicional, a desnecessidade de tanques extras para medição da água a adicionar e a operação complementar.

A água para a diluição deve ser potável, incolor, inodora, insípida, não conter bactérias nem matéria orgânica, e não ser muito rica em sais minerais, principalmente sais de cálcio.

4.4.3. Temperatura do mosto

A temperatura com que o mosto diluído chega à dorna é muito importante na fabricação da aguardente.

Embora variando de acordo com a natureza do fermento usado, com o tamanho, tipo, construção e sistemas de refrigeração das dornas, podem-se admitir os limites de 26°C e 28°C para o mosto que vai ser fermentado.

Normalmente o mosto apresenta temperatura dentro destes limites, principalmente quando a cana é moída à tarde e nos meses de verão. Pelas manhãs, durante as noites e nos meses de inverno, geralmente há necessidade de aquece-lo antes de entrar na dorna de fermentação. Na prática costuma-se aquecer a 30-32°C.

O sistema mais prático é introduzir na caixa de recepção do caldo ou no decantador, um tubo de vapor fechado na extremidade, com perfurações na face inferior e provido de registro para injetar o vapor de acordo com a necessidade.

Nas pequenas instalações que não possuem vapor, dilui-se o caldo com água quente, adiciona-se caldo previamente aquecido em recipientes independentes e externos, usa-se aquecimento indireto por meio de recipientes cheios de água quente mergulhados no caldo e, em certos casos, junta-se pedras ou barras de ferro. Enfim, é necessário aquecer o meio de fermentação sem matar as leveduras. Se o engenho (destilaria) não dispuser de gerador de vapor, tem de prover-se de métodos alternativos para oferecer ao mosto as condições de temperatura adequada. Mosto frio é causa de problemas técnicos e prejuízos financeiros.

Quando o mosto acusa temperatura superior a 28°C, é conveniente esfriá-lo. Quando possível, dependo das condições da fábrica, faz-se passar o caldo por uma serpentina devidamente dimensionada, imersa num resfriador com água corrente fria, para que sua temperatura se reduza ao limite citado.

Em outros casos, a destilaria dispõe de sistemas de refrigeração por escorrimento de água pelas paredes externas das dornas de aço, por passagem de água fria em serpentinas internas nas dornas ou eficientes trocadores de calor.

A temperatura adequada para a fermentação varia de acordo com a região; há certos lugares em que a água de refrigeração de rios, ribeirões e açudes pode ser superior a 35°C.

Neste caso, é preciso usar leveduras selecionadas que suportem, com bom desempenho, o rigor desse nível de temperatura. Outro artifício é fermentar mostos mais diluídos para evitar o aumento de temperatura pela fermentação.

4.4.4. Acidez do mosto

Existe uma relação entre a acidez do mosto e o ótimo desenvolvimento da levedura. Um caldo de reação neutra ou alcalina é pouco favorável à levedura e presta-se ao desenvolvimento de bolores e bactérias. Mantendo-se os mostos com reação nitidamente ácida, entre pH 4,5-5,0, o meio torna-se favorável à ação da levedura e à ocorrência de fermentações industrialmente puras, regulares, completas e rápidas, e inadequado para o desenvolvimento de microrganismos prejudiciais, principalmente os do ácido láctico e do ácido acético, que normalmente existem nos mostos.

O caldo de cana madura possui acidez, expressa em termos de pH, ao redor de 5,6 e o mosto diluído apresenta pH menor, até 5,2; moer canas maduras junto com colmos verdes ou passados geralmente aumenta a acidez do mosto.

O pé-de-cuba comumente acusa pH mais baixo, ao redor de 4,0; por ter um volume expressivo, faz abaixar o pH do mosto, até 4,5-5,0 e melhora suas condições de fermentação.

Nas fábricas de aguardente é praticamente dispensável o emprego do ácido sulfúrico no mosto, mas é aconselhável adicioná-lo no preparo do pé-de-cuba ou fermento.

4.4.5. Adição de sais minerais ao mosto

É vantajosa a correção do mosto de cana com certos sais minerais, para suprir as deficiências que o caldo pode apresentar.

A adição dos sais minerais para enriquecer o mosto precisa ser feita em todo o volume de mosto, a não serem casos especiais de certas variedades de cana. Quando o mosto é convenientemente diluído, aquecido e usado para alimentar um pé forte, a adição dos sais minerais pode ser periódica, no início de cada semana.

Os sais minerais mais recomendados e suas doses são os seguintes:

1. Sulfato ou fosfato de amônio comerciais dissolvidos em água, na proporção de 200 gramas por 1.000 litros de caldo;
2. Superfosfato simples na proporção 20 gramas por 1.000 litros de mosto. O superfosfato é fervido com água, deixado a decantar e só a solução obtida pela decantação é usada na correção do mosto. O superfosfato não deve ser adicionado diretamente ao mosto porque a parte insolúvel poderá incrustar os registros, aparelhos ou mesmo entupir canalizações.

Sempre que for possível, deve-se dar preferência ao emprego do fosfato de amônio comercial em lugar do sulfato.

O enriquecimento do mosto com sais de amônio, dentro dos limites aconselhados, estimula o metabolismo da levedura, favorece a fermentação alcoólica e aumenta o rendimento industrial da fábrica, bem como conduz à produção de aguardente de melhor qualidade.

4.5. Adição de vitaminas ao mosto

Dispondo-se à levedura um mosto convenientemente diluído, com 26°C a 28°C de temperatura, suficientemente ácido e rico em substâncias nitrogenadas, uma complementação em vitaminas crescimento, a fermentação se torna mais acelerada, as infecções reduzem sua atividade e o rendimento industrial aumenta.

O produto destilado apresentará melhores qualidades organolépticas e composição química mais uniforme.

A adição de vitaminas ao mosto pode ser ministrada como tal, ou pela adição de farelo de arroz, que é rico em vitaminas B1, B6 e ácido pantotênico. Ela á feita com 50 gramas das vitaminas por 1.000 litros de mosto, ou 500 gramas de farelo de arroz por igual quantidade de mosto.

Neste último caso é conveniente colocar o farelo dentro de um saco de algodão que será mantido no fundo das dornas por meio de um peso (tijolo, pedra, ferro), para evitar sujar os aparelhos de destilação com as fibras residuais.

O enriquecimento do mosto associado com vitaminas B1 e sais de amônio dá resultados mais expressivos do que os obtidos com a vitamina ou os sais de amônio aplicados isoladamente.

Esta influência benéfica varia não só com a variedade da cana, como em relação à levedura usada para preparar o fermento. O farelo de arroz, associado ao superfosfato e ao sulfato ou fosfato de amônio, conduz a bons resultados.

AGENTES DA FERMENTAÇÃO ALCOÓLICA

5

5.1. Considerações gerais

A fermentação alcoólica é um fenômeno bioquímico caracterizado pela transformação de açúcares em álcool etílico (etanol) e gás carbônico (dióxido de carbono) em proporções quase iguais e com liberação de energia.

Os açúcares não fermentam espontaneamente; para que isso ocorra, eles devem estar inseridos adequadamente em uma matéria-prima ou dela extraídos e devidamente preparados, como se verá. Mesmo assim, há outra exigência, que é a presença de um agente que desperte a operação bioquímica. O agente é uma levedura.

As leveduras fazem parte dos fungos, mas comumente são identificadas e estudadas independentemente deles, por causa de características específicas.

As leveduras integram um numeroso grupo de gêneros e espécies. Entre estas as responsáveis pela produção de bebidas alcoólicas, com inclusão da aguardente de cana. Na fabricação desta é encontrado o gênero *Saccharomyces* e não é estranha a presença de *Schizossaccharomyces*.

As leveduras são amplamente difundidas na natureza, encontradas no solo, poeira, nas cascas de troncos, na superfície de folhas, flores, frutos, nos pomares, hortas e, obviamente, nos canaviais, nas folhas e superfície dos colmos. São elas que, devidamente multiplicadas e preparadas, constituem os conhecidos fermentos caipiras.

Também são elas que são captadas tecnicamente por pesquisadores e submetidas a testes científicos para conhecimento de suas características, submetidas a purificação, seleção e armazenamento em tubos de cultura ou liofilizadas. Então, passam a fazer parte de coleções de tipos microbianos, de onde podem ser adquiridas, certificadas, rastreadas ou não, para uso farmacêutico, industrial ou outro. Comercialmente são encontradas como leveduras prensadas úmidas e secas granuladas, largamente usadas em panificação, mas apropriadas para uso em destilarias de aguardente e de álcool.

A escolha da levedura adequada não é simples, pois requer conhecimentos técnicos, instalações próprias, técnica e bom senso. Também depende das finalidades para as quais se destina a aguardente fabricada.

Talvez por falta de conhecimento, este assunto não é devidamente considerado pelos fabricantes e contribui, com outros fatores, para a heterogeneidade dos produtos encontrados no comércio.

Mostos muito ricos em açúcar exigem tipos de leveduras resistentes a maiores concentrações de álcool, para que sua fermentação se realize de modo normal. Se o mosto é de caldo de cana, a melhor levedura é a isolada dos mostos em fermentação, preferivelmente não diluído e sob as condições da região.

Em relação às condições locais, são fundamentais a instalação da destilaria, suas disponibilidades, a parte higiênica e a qualificação do pessoal em relação aos conhecimentos técnicos mínimos exigidos. Não se pode aconselhar o uso de fermentos puros e selecionados em fábricas onde não há asseio, nem facilidades como abundância de água de boa qualidade e pessoal capacitado. Para contornar esse inconveniente é recomendável usar as leveduras que predominam nas fermentações regionais. Elas estão adaptadas às condições naturais predominantes na fábrica e permitem obter melhor resultado que leveduras que ainda precisam se aclimatar.

De maneira geral, os aguardenteiros artesanais preferem trabalhar com o fermento caipira. Os mais modernizados usam o fermento caipira misto ou fermento prensado de panificação. As leveduras puras, isoladas de mostos regionais, conduzem sempre a bons resultados, mas exigem técnica apropriada para sua multiplicação, instalação adequada e condições rigorosas de técnica e de higiene. De higiene, principalmente.

É preciso lembrar que as áreas de recepção, de descarregamento e moagem da cana costumeiramente estão sujas com pedaços de folhas, de colmos, de terra, de barro formado por terra e respingos ou esguichos de caldo das moendas e água de lavagem. O mesmo ocorre na sala de fermentação e na sala de destilação.

Entre as principais leveduras, agentes naturais da fermentação alcoólica, existem espécies e diversas estirpes, das quais, as mais importantes sob o ponto de vista da indústria da aguardente, encontram-se entre os *Saccharomyces* e *Schizossacharomyces*. Elas ocorrem nos vinhos de cana de cada região e diferem entre si pela forma e pelas propriedades biológicas e fisiológicas.

5.2. Composição química da levedura

A composição da levedura, obtida por análise química, é extremamente variável. Depende da raça, da idade, do meio nutritivo, das condições em que é mantida a cultura e do período da fermentação. As leveduras também são organismos ricos em vitaminas e enzimas.

Seu estudo dá indicações de nutrientes que deverão estar contidos nos mostos e as bases para sua correção.

A Tabela 5.1 dá um exemplo de composição química de uma levedura.

Tabela 5.1. Composição centesimal de levedura da espécie *Saccharomyces cerevisiae*

Análise de célula	**g /100 g**
Água	73,13
Matéria seca	26,87
Análise da matéria seca em g/100 g	
Material proteico	14,51
Material graxo	3,36
Material celulósico	0,10
Material não nitrogenado	5,20
Matéria mineral	3,70
Análise da matéria mineral (cinza) em g/100 g	
Fósforo (P_2O_5)	50,41
Potássio (K_2O)	321,07
Magnésio (MgO)	3,36
Sódio (Na_2O)	1,28
Cálcio (CaO)	0,94
Sílica (Si_2O)	0,52
Sulfatos (SO_3)	0,37
Ferro (Fe_2O_3)	0,23
Alumínio (Al_2O_3)	0,07
Cloretos (Cl)	0,05
Manganês (Mn_2O_3)	Traços

5.3. Nutrição da levedura

As transformações que as leveduras produzem dependem das suas condições de vida e, por conseguinte, da sua nutrição. O fabricante de aguardente deve conhecer esta função, para dirigir bem a correção dos mostos; ele colhe bons resultados proporcionando adequada alimentação à levedura. Pelo exame da composição citada, conclui-se que as leveduras precisam encontrar nos mostos os seguintes elementos principais:

1. Água em abundância, pois as características de todos os microrganismos são sua grande riqueza em água e a necessidade dela para suas atividades vitais, para se reproduzirem ou para fermentar. A água é encontrada no caldo de cana e no mosto convenientemente diluído;

2. *Substâncias nitrogenadas*, o que recomenda a adição de sais de nitrogênio, como sulfato ou fosfato de amônio ao mosto, para suprir as deficiências do caldo e estimular o metabolismo da levedura. A alimentação nitrogenada da levedura desempenha papel importante no seu poder fermentativo, que cresce com a riqueza em nitrogênio;
3. *Extrativos não nitrogenados*, constituídos pelos açúcares do caldo de cana. Para que a levedura possa usá-los totalmente, sem prejuízo para suas atividades fisiológicas, é recomendável reduzir sua concentração no mosto pela adição de água pura;
4. *Sais minerais*, os quais já se encontram normalmente no caldo, principalmente os mais necessários, como compostos de fósforo, de potássio e de magnésio. Adicionando-se superfosfato ou fosfato de amônio, corrige-se, pelo menos em parte, a sua possível deficiência mineral. O emprego do sulfato de amônio leva consigo o enxofre, que é um dos constituintes das proteínas e, portanto, benéfico na nutrição da levedura;
5. *Vitaminas*. Embora o caldo de cana possua normalmente vitaminas do grupo B1 em quantidades suficientes, corrige-se a sua falta eventual adicionando-se a própria vitamina B1, ou farelo de arroz.

5.4. Influência dos agentes físicos e químicos sobre as leveduras

A levedura é um organismo muito sensível às condições ambientes, que podem produzir-lhe modificações biológicas muito importantes, favoráveis ou prejudiciais à produção de aguardente. Daí a necessidade de conhecer estas influências para que desses conhecimentos se possa tirar o máximo proveito em benefício do fabricante. Entre os agentes físicos e químicos que podem influir nas atividades da levedura, contam-se o ar, a temperatura, a reação do meio, a luz, os antissséticos e os produtos da fermentação.

5.4.1. Efeito do ar sobre a levedura

A levedura comporta-se diferentemente segundo a quantidade de oxigênio que tem à sua disposição. Quando as células da levedura se desenvolvem em presença de ar, seu poder fermentativo é mínimo e a sua atividade multiplicativa é máxima. Se, ao contrário, a levedura se desenvolve em ausência de ar no seio do líquido, seu poder fermentativo é máximo e a sua atividade multiplicativa é mínima. Sob condições anaeróbias (em ausência de ar) a levedura desdobra ativamente os açúcares em álcool e dióxido de carbono consumindo o mínimo de açúcar para formação de novas células.

Durante a produção do lêvedo alcoólico, ou pé-de-cuba, o arejamento abundante do mosto é favorável à produção de células, mas é prejudicial à fermentação, causando a queda no rendimento industrial.

5.4.2. Efeito da temperatura sobre a levedura

A temperatura influi no desenvolvimento da levedura, de maneira variável com a espécie, idade das células e reação do meio.

A temperatura adequada para a levedura está entre os limites de 25°C e 35°C. Abaixo do mínimo indicado, as atividades das leveduras ficam enfraquecidas e a fermentação chega a paralisar. Porém, a célula não é destruída pelo frio pois ela é resistente a este fator, mesmo até 130° abaixo de zero Celsius. Ela não perde suas atividades, que retomam quando posta novamente em condições favoráveis. A levedura resiste, portanto, à refrigeração e à congelação sem se destruir.

Não acontece o mesmo com as temperaturas elevadas. Acima do nível máximo dos limites citados, a ação do calor é nítida e intensa. Uma pequena elevação de temperatura pode se tornar perigosa, e atingir a zona mortal. O máximo que se deve admitir na fermentação é de 35°C.

A temperatura mortal para a levedura varia com a sua idade, estado de vegetação ou de esporulação, com a reação do meio e a natureza do calor.

5.4.3. Efeito da reação do meio sobre a levedura

A reação do meio tem marcada influência sobre o desenvolvimento das leveduras. Elas trabalham otimamente quando a reação do mosto está compreendida entre pH 4,5 e 5,5, mas não morrem em níveis mais baixos ou mais altos, como 3,5 e 6,5. Sua atividade, entretanto, é alterada.

Pela variação do pH do mosto, a atividade de diferentes microrganismos presentes é favorecida ou dificultada, bastando conhecer as zonas ótima, máxima mínima de acidez para cada um deles.

5.4.4. Efeito da luz sobre a levedura

A exposição de microrganismos à luz exerce influência sobre suas atividades, incluindo a inibição de seu crescimento e de outras funções vitais.

A luz ultravioleta é desfavorável ao crescimento e ao poder fermentativo do *Sacharomyces cerevisiae*; a luz direta do sol exerce ação negativa e as luzes difusa ou elétrica retardam seu processo reprodutivo. O *Saccharomyces cerevisiae* se multiplica com a metade da intensidade que faria no escuro. A exposição da a levedura a luz moderada ou fraca iluminação, praticamente não afeta seu processo reprodutivo.

5.4.5. Efeito dos antissépticos e antibióticos

Os antissépticos são usados na prática com o fim de eliminar os germes nocivos ou, pelo menos, diminuir seu desenvolvimento sem prejudicar as atividades vegetativa e fermentativa da levedura. Para isso é preciso, antes de mais nada, adaptar a levedura a essa nova condição.

A dose de antisséptico é função da sua própria natureza, da temperatura, do número e natureza dos microrganismos sobre os quais deve agir.

O ácido sulfúrico é o antisséptico mais usado na fabricação de aguardente por fermentação de mostos de cana. O ácido sulfúrico, empregado nas doses de 1 a 2 gramas por litro de mosto diluído, além de tornar o meio favorável à levedura, impede ou dificulta o desenvolvimento dos fermentos do ácido láctico. Entretanto, na prática da correção dos mostos comumente não se usa este ácido, cuja aplicação é feita apenas no pé-de-cuba.

O uso de antibióticos também é aconselhável, para propiciar a obtenção de meio favorável à ação das leveduras e desfavorável às bactérias. Dentre eles se destacam a penicilina e o cloranfenicol; o mais usado e mais barato é a penicilina, da qual a forma ácida é a mais recomendada e de ação mais eficiente. As doses usadas são de 500 a 1.000 UI por litro de mosto.

5.4.6. Efeito dos produtos da fermentação sobre a levedura

Os dois principais produtos da fermentação são o anidrido carbônico e o álcool.

O anidrido carbônico praticamente não tem influência na fermentação porque ela é realizada à pressão atmosférica e o gás não chega a se concentrar no vinho, porque se desprende. Somente doses elevadas, superiores a 120 gramas por litro, é que paralisam a atividade da levedura.

O álcool, ao contrário do CO_2, aumenta no vinho gradativamente, do início ao fim da fermentação, exercendo ação variável sobre a atividade fermentativa da levedura. No início, em pequena percentagem, age favoravelmente, porém, à medida que vai se concentrando, sua ação se faz sentir de maneira prejudicial até que, a partir de 16%, o álcool inativa a levedura.

Daí a necessidade da diluição dos mostos a um grau de concentração tal que não ofereça margem a um rendimento superior a 7 ou 8% de álcool em volume, para que não fique no vinho uma parte de açúcar infermentado, com diminuição proporcional do rendimento industrial.

5.5. Purificação das leveduras

Não é viável fazer a purificação das leveduras numa pequena destilaria, mas pode-se manter pés-de-cuba ativos e em reserva, para uso em eventual queda de rendimento em aguardente, ou em eventual contaminação séria dos mostos em fermentação.

Essa providência evita que o produtor se veja em situação difícil, se ocorrer um fracasso dentro de sua sala de fermentação; é o mesmo que fazer uma purificação técnica. Ela se resume em realizar periodicamente fermentações em pequenos volumes de caldo diluído, acidificado com ácido sulfúrico em até 1 g/litro, adicionado de nutrientes, esterilizado por fervura e mantido em recipientes fechados com tampão de algodão. Esse caldo, depois de frio, recebe um pequeno volume do mosto em fermentação nas dornas.

Desse caldo, depois de fermentado, uma parte é retirada para inocular e manter pequenas quantidades de mostos em boas condições de fermentação e o restante vai para as dornas.

5.6. Preparo do fermento caipira

Recebe a denominação de fermento caipira a massa de células preparada pela multiplicação das leveduras que acompanham as folhas e os colmos da cana. É costume denominá-las de selvagens, por serem autóctones. O termo caipira não é pejorativo, tem origem indígena e lembra rusticidade, roça e campo. Por dedução, foi o fermento usado pelos primeiros fabricantes há cinco séculos, com bom sucesso.

A quantidade de leveduras que ocorrem naturalmente na cana é pequena, razão principal dos insucessos que ocorrem na prática quando se prepara o inóculo (pé inicial, pé-de-cuba ou pé de fermentação) pelo chamado processo caipira.

Para que o pé de fermentação seja forte, é necessário que as canas utilizadas e o seu caldo contenham naturalmente quantidade suficiente dessas leveduras. Caso contrário, não haverá sua predominância, o pé se infecciona com bactérias normalmente presentes na cana e com as provenientes de outras origens e a fermentação do mosto não se processa adequadamente. Ocorrem fermentações viciosas, incompletas, o produto é de má qualidade e o rendimento industrial é baixo.

O fermento caipira nada mais é do que o resultado do aproveitamento das leveduras naturais do mosto de forma concentrada, mediante certos tratamentos cuja finalidade é ativar a sua multiplicação.

Existem numerosas variantes para se conseguir a ativação das leveduras naturais do mosto. Muitas vezes se conseguem fermentos ótimos com este sistema, mas, dependendo das condições da destilaria, nem sempre ele oferece segurança. Sua preparação é demorada e para bons resultados exige uma técnica cuidadosa, nem sempre seguida.

Nas pequenas destilarias é costume preparar, no início de cada safra, apenas um pé de fermentação e depois seguir o trabalho normal cortando, ou seja, dividindo o mosto em fermentação para diversas dornas. Embora seja de uso generalizado, não é o melhor meio de iniciar a safra.

O melhor é preparar um pé de fermentação para cada dorna e, mesmo estando o trabalho da fábrica em ritmo normal, é aconselhável ter novos pés de fermentação para, periodicamente, substituir ou reforçar os fermentos das dornas que não estiverem trabalhando eficientemente.

A quantidade de pé a preparar depende do tamanho do recipiente principal de fermentação, denominado de dorna, cuba ou cocho, de acordo com a região e com a sua construção.

Entre as várias maneiras de preparar o fermento caipira, é válida a citada a seguir, para obter 200 litros de pé para cada dorna de fermentação (Figura 5.1).

Toma-se um recipiente (quartola de madeira, tambor de ferro, recipiente de plástico ou de vidro), de 150 a 200 litros de capacidade, lava-se muito bem externa e internamente com escova, detergentes ou sabão e muita água. Escoa-se a água de enxague. Geralmente uma lavagem severa é suficiente, mas o uso de solução de formol a 2% ou de hipoclorito de cálcio a 5% é útil para desinfeção; nos barris de madeira pode ser queimada uma pequena porção de álcool, para garantir a desinfeção nas frinchas. As paredes e o fundo são molhados com, aproximadamente, 200 mL de álcool e ateia-se fogo.

A seguir, em uma vasilha bem limpa, são misturados manualmente, os seguintes ingredientes:

Farelo de arroz..................................200 gramas
Fubá comum ....200 gramas
Sulfato de amônio............................200 gramas
Superfosfato......................................20 gramas

Figura 5.1 A Ingredientes: Farelo de Arroz, Limão, Fubá, Superfosfato Simples e Sulfato de Amônio

Figura 5.1 B Misturar os ingredientes em uma vasilha e espremer os limões para posterior mistura

Figura 5.1 C Adicionar o caldo de limão (podendo conter suco de laranja, opcional) aos ingredientes

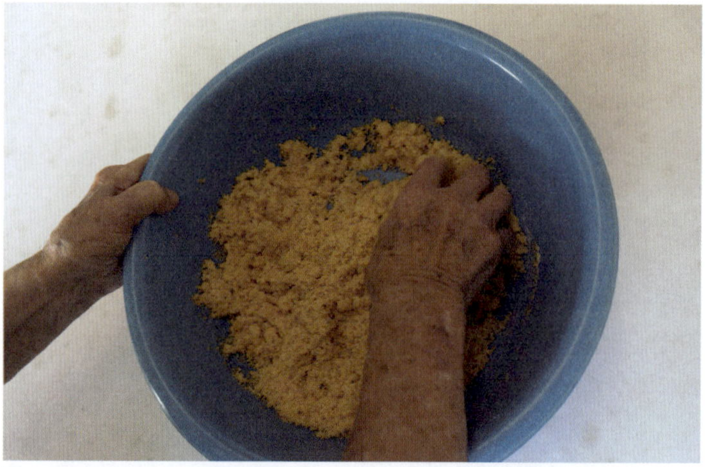

Figura 5.1 D Com o uso das mãos, misturar a massa até se obter uma massa de boa consistência

Figura 5.1 E Bolo nutritivo pronto para ser “embrulhado” ou ensacado em um pano fino

Figura 5.1 F Bolo nutritivo finalizado e já “embrulhado” para uso

Figura 5.1 G No recipiente de vidro, pronto para receber o caldo

Figura 5.1 H Adição de garapa até a cobertura total do bolo nutritivo

Figura 5.1 I Adição de água morna no mesmo recipiente com garapa

Figura 5.1 J Retirada do bolo logo após o processo de fermentação

Figura 5.1 K Demonstração do bolo retirado e coloração do fermento

Figura 5.1 L Dividir o conteúdo em outros três recipientes de vidro

Figura 5.1 M Adição de novo volume de garapa e água morna no fermento

Figura 5.1 N Recipientes prontos para o início do processo de fermentação

Figura 5.1. Sequência de preparação do fermento caipira (Fotos: Humberto Marques/Fealq, 2023)

À mistura é acrescentado o caldo de seis a oito laranjas azedas ou de limão, de qualquer espécie, coado para separar as sementes e demais detritos. Com ele é feita uma pasta, que é colocada em um saco limpo de algodão, cuja boca é amarrada. O saco é preso a um peso e colocado no fundo do recipiente, ou preso no fundo por um artifício qualquer.

Sobre o conjunto fixado no fundo do vasilhame adicionam-se 50 litros de mosto diluído a 7°Brix, proveniente de um caldo de cana fresca, bem madura, limpa, recentemente cortada e sã. Nunca se deve usar cana verde, cortada há tempo, queimada, colhida com sol quente ou as empoeiradas de beira de estrada ou carreador.

Na preparação do pé de fermentação, o caldo de limão ou de laranja azeda pode ser substituído por 100 mL de ácido sulfúrico. Neste caso a pasta com os ingredientes apontados será feita apenas com água limpa e o ácido será adicionado, cuidadosamente, depois do mosto diluído ter sido colocado sobre a pasta.

Colocar o ácido cuidadosamente significa adicionar lentamente e não de uma só vez, para evitar que não espirre e cause queimaduras. Por dito popular, *adicionar ele nela, nunca ela nele*. Evita geração de calor e projeção perigosa.

O mosto, diluído pela mistura de água limpa até a concentração de 7°Brix, é acrescentado à pasta de nutrientes, à temperatura de 26-28°C, até 30°C, em dia muito frio. A destilaria precisa possuir facilidades para aquecer o caldo, seja com tambores ou tachos, ou com a injeção de vapor no caldo, se possuir caldeira.

O fubá e o farelo de arroz fornecem a nutrição nitrogenada e vitaminas, os sais, a complementação mineral necessária e o caldo de cítricos, ou o ácido sulfúrico; a reação ácida é favorável à levedura. Finalmente, o mosto diluído oferece, além de seus nutrientes naturais, os açúcares de que os microrganismos necessitam para multiplicar.

Depois da adição do mosto, o recipiente deve ser coberto com um pano úmido de algodão. Se houver levedura em quantidade suficiente, a fermentação se inicia algum tempo depois, formando uma camada escura e espessa de bagacilho na superfície do líquido. Esta crosta aumenta de espessura e depois começa a romper-se em vários pontos. Pelas frestas formadas percebe-se uma espuma clara, brilhante, transparente, cuja intensidade aumenta gradativamente até cobrir e fazer desaparecer completamente a crosta.

A fermentação atinge a sua fase máxima, produzindo espuma cada vez mais abundante, intensa, volumosa, ocupando grande parte do espaço livre da dorna. A intensidade da formação desta espuma vai diminuindo aos poucos até desaparecer após algumas horas e deixa o mosto em fermentação a descoberto.

Depois dessa quebra da espuma, a fermentação continua calma sem grande agitação e termina depois de 18 a 24 horas. O vinho está com 0°Brix, a fermentação morreu e é o momento de alimentar o fermento. Mais 50 litros de mosto a 7°Brix e a 26-28°C são preparados e adicionados ao pé, ou seja, ao mosto fermentado no recipiente. Espera-se que a fermentação se complete e o vinho acuse 0°Brix.

Uma terceira alimentação com mosto diluído e aquecido a 26-28°C completa o volume do pé de fermentação.

Terminada a fermentação está pronto o lêvedo alcoólico caipira para ser passado para a primeira dorna de fermentação. Ele se apresenta com cor amarelada característica e cheiro agradável.

Enquanto a primeira dorna vai ser alimentada com mosto diluído a 12-14°Brix prepara-se novo pé nas mesmas condições.

Quando se consegue, de início, um pé caipira vigoroso, os seus resultados na fermentação dos mostos são bastante compensadores. O pior defeito do fermento caipira é a incerteza da CAIPIRA pega inicial, isto é, se haverá ou não fermentação.

5.7. Preparo do fermento caipira misto

O fermento misto é um melhoramento do processo anterior e garante, de início, rápida fermentação do mosto diluído e o preparo do pé em mais curto prazo.

Esse método varia em relação ao anterior, na composição dos elementos que integram a mistura com a qual se fará a pasta a ser fixada no fundo da quartola.

A mistura será constituída, para um volume de pé de 200 litros, dos seguintes elementos:

Farelo de arroz....................................200 gramas
Fubá comum.......................................200 gramas
Sulfato de amônio...............................200 gramas
Superfosfato...20 gramas
Fermento de padaria..............................4 quilos

A acidificação pode ser feita com caldo de limão, de laranja azeda ou com ácido sulfúrico. Empregando-se o ácido é aconselhável a adição de 100 mL sobre os primeiros 50 litros de mosto diluído e aquecido a 26-28°C postos a fermentar. No mais tudo se repete como para o fermento caipira.

5.8. Preparo do pé com fermento de panificação

Sendo um fermento próprio para fabricação de pão, não é o mais aconselhável para a fabricação de aguardente, mas seu uso e sua aquisição são fáceis, o custo é relativamente baixo e apresenta bons resultados quando preparado convenientemente. Ele é vendido em blocos prensados, ou seco granulado.

Figura 5.2. Fermento de panificação seco e úmido prensado

Para um volume de pé de 200 litros é feita uma suspensão de leveduras, desfazendo-se 4 kg (20 g por litro de caldo) de fermento prensado em pequena quantidade de água limpa e morna, com aproximadamente 30°C. A suspensão é colocada no recipiente de fermentação e alimentada com 100 litros de mosto diluído a 7°Brix e 26-28°C. A seguir, são adicionados 2 litros de ácido sulfúrico (10 mL por litro de caldo) e mais 200 gramas de sulfato de amônio, 200 gramas de farelo de arroz, mais 200 gramas de superfosfato (1 g/L).

Com os mesmos cuidados anteriores espera-se que a fermentação paralise e o vinho marque 0°Brix e faz-se nova alimentação com outros 100 litros de mosto diluído e aquecido nas mesmas condições.

Quando a fermentação paralisar tem-se o pé pronto para ser passado para a primeira dorna de fermentação.

5.9. Preparo do pé com fermento selecionado

Em fábricas bem aparelhadas materialmente e com elemento humano capaz, é recomendável que a fermentação seja feita com leveduras selecionadas e de comprovado valor industrial.

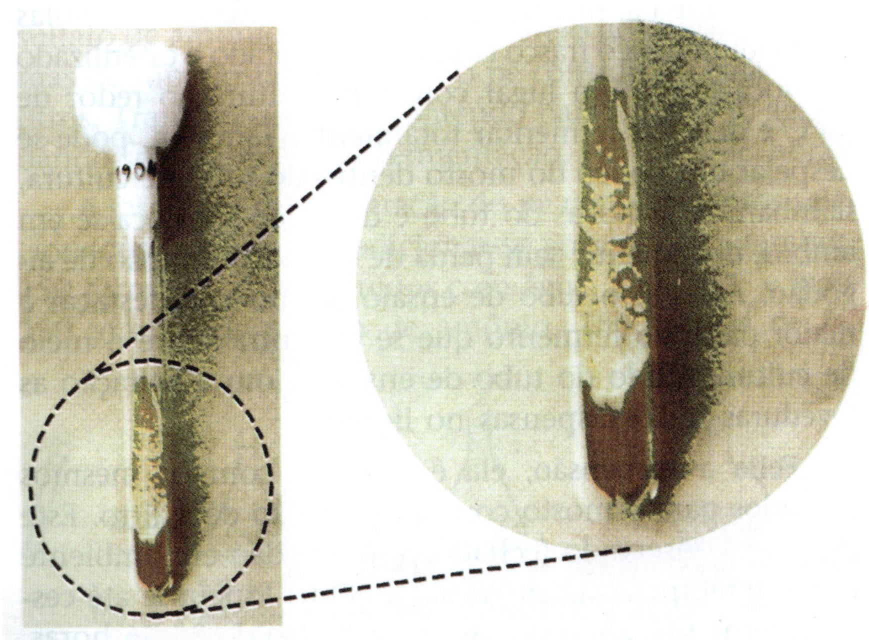

Figura 5.3. Levedura selecionada (original do autor)

Além das condições de higiene, o preparo do pé-de-cuba exige muita atenção, muito trabalho e aquisição periódica das culturas de um instituto oficial especializado.

Para preparar um pé de 200 litros com fermentos puros e selecionados é necessário iniciar com cuidados laboratoriais, ainda que a fábrica não disponha de laboratório.

Em um balão de fundo chato de 1 litro, colocam-se 500 mL de mosto diluído a 7°Brix, de preferência coado, contendo uma gota de ácido sulfúrico, uma colher de café de sulfato de amônio e uma colher de café de farelo de arroz. Estas medidas são assim prescritas devido à dificuldade de serem tomados pesos exatos em uma indústria da natureza da que está sendo tratada. Tapa-se o balão com algodão e ferve-se o mosto diluído e corrigido durante10 a 20 minutos e deixa-se esfriar. Nos laboratórios a esterilização é feita em autoclave.

Toma-se o tubo de cultura com o fermento selecionado, retira-se o tampão de algodão e flamba-se tubo com a boca da chama de lâmpada de álcool. Faz-se a mesma coisa com o balão que contém mosto esterilizado.

Com um arame fino, transfere-se a massa de células de levedura para o frasco com o caldo tratado e esterilizado; coloca-se em um lugar com temperatura ao redor de 30°C e deixa-se fermentar totalmente. Também, pode-se despejar um pouco do mosto dentro do tubo de cultura, flambam-se as bocas tubo e do balão e coloca-se em ambos, novamente, sem perda de tempo, o tampão de algodão. Agita-se o tubo de ensaio de modo a destacar a maior parte do fermento que se encontra sobre o meio cultura sólido do tubo de ensaio.

Feita a suspensão, ela é passada com os mesmos cuidados para o mosto contido no de 1 litro. Este deve ser conservado fechado com algodão em ambiente limpo e temperatura próxima de 30°C.

Espera-se até cessar a fermentação, o que se dará dentro de 24-36 horas. Neste ponto transfere-se este pé para um volume de mosto diluído e corrigido. Para isso, em um balão de 4 litros colocam-se 2 litros de mosto diluído a 7°Brix e coado. Acrescenta-se aí 1 mL de ácido sulfúrico, 2 gramas de farelo de arroz e 2 gramas de sulfato de amônio. Tapa-se o balão com algodão e esteriliza-se por ebulição durante 5 a 10 minutos e deixa-se esfriar até 30°C. Agita-se o conteúdo do balão de 1 litro contendo pé inicial, retiram-se os tampões dos dois vasos, flamba-se e, com cuidado e sem perda de tempo, transfere-se o pé inicial para o balão de 4 litros. Fecha-se com o algodão e mantém-se o balão inoculado à temperatura ambiente, por 36 horas. Ao fim deste tempo o mosto deverá estar totalmente fermentado. Da mesma maneira como com o pé inicial, este segundo deve ser transferido para um volume maior.

Em uma vasilha (tacho ou lata) tomam-se 20 litros de um mosto diluído a 7°Brix e coado. Mantém--se em ebulição durante 5 a 10 minutos. Passa-se, ainda quente, para um tambor de 50 litros previamente lavado e esterilizado a fogo, pela queima de 100 mL de álcool no seu interior. Protege-se a boca do tambor com um pano de algodão bem úmido, preso às bordas com barbante ou fio de arame fino. Deixa-se esfriar. Ao mosto esterilizado e frio juntam-se 10 mL de ácido sulfúrico, 20 gramas de sulfato de amônio, 20 gramas de farelo de arroz e 0,5 gramas de superfosfato. Agita-se o pé contido no balão de 4 litros. Transfere-se o seu conteúdo para o tambor, aguardando-se o término da fermentação, em 24 a 36 horas.

A fase final da preparação do pé com fermentos selecionados consiste em adicionar-se ao vinho, no tambor, 150 litros de mosto diluídos com água a 28-30°C e mais 150 gramas de sulfato de amônio, 150 gramas de farelo de arroz e o líquido da dissolução de 150 gramas de superfosfato em água quente.

Cobre-se o tambor e espera-se que fermentação cesse, usando pé está pronto e pode ser encaminhado à primeira dorna de fermentação.

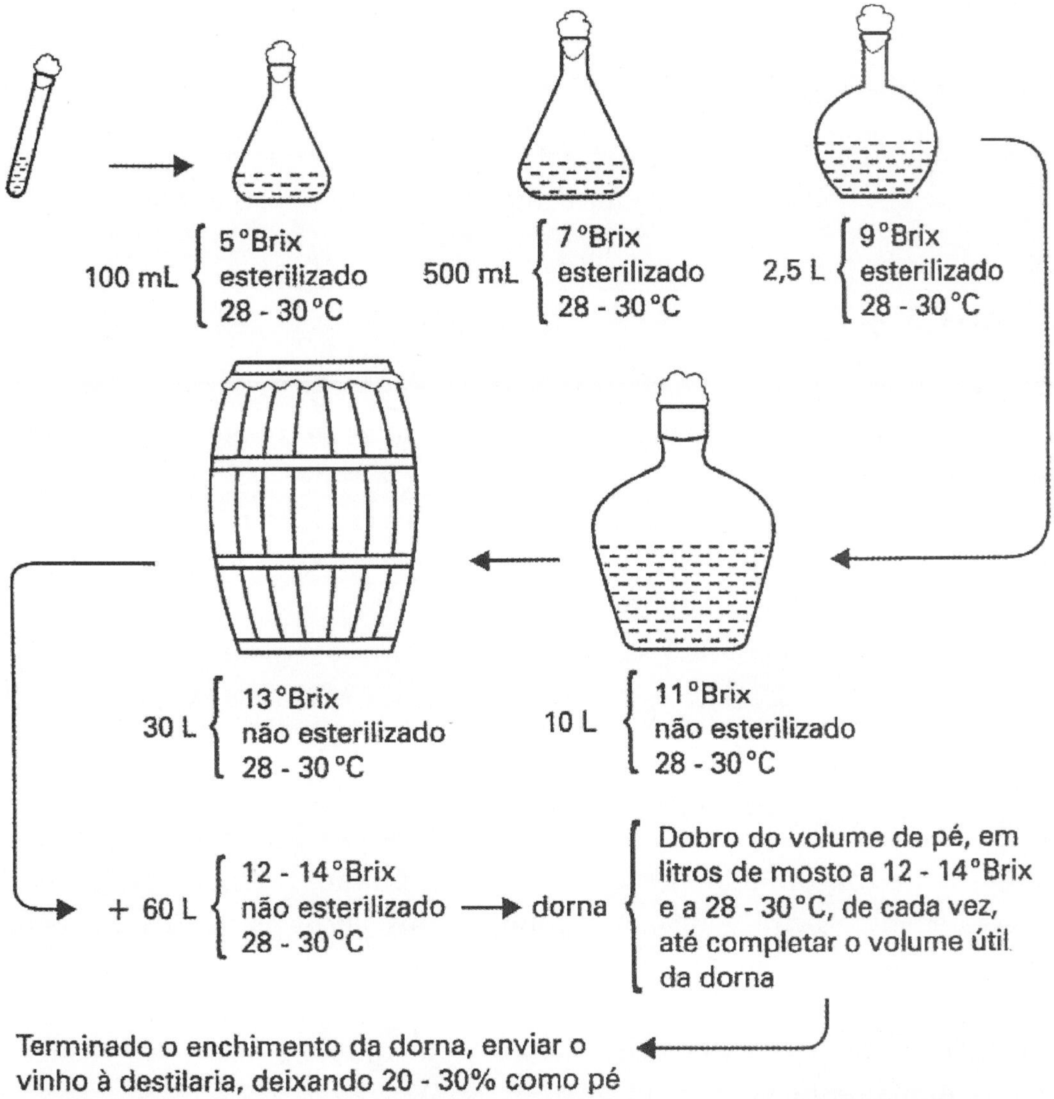

Figura 5.4. Esquema de preparação de pé-de-cuba com levedura selecionada (original do autor, 1962)

Numa fábrica bem montada, com boa orientação, estas operações todas se sucedem em sequência perfeita, de tal modo que é possível ter, diariamente, um pé puro de fermentos selecionados para cada dorna.

Como se pode depreender, é um processo muito trabalhoso, cuja execução tem que ficar adstrita às fábricas perfeitamente organizadas, com instalações adequadas e com elemento humano capacitado.

A Figura 5.4 esquematiza a preparação de fermento com leveduras puras. A vidraria especial de laboratório pode ser substituída por recipientes domésticos. A esterilização do mosto feita à parte e transferida a quente, sobre um volume de água fria, para evitar quebrar o vidro comum.

5.10. Análise crítica sobre o uso dos fermentos

A qualidade da aguardente depende basicamente de um bom fermento. O fabricante pode contar com três tipos, todos originados das leveduras: fermento caipira, de panificação e/ou puro e selecionado.

5.10.1. Fermento caipira

O fermento caipira, de modo geral, é inóculo de bom desempenho. É demorado para preparar, mas é obtido com leveduras naturais do local da destilaria, adaptadas as condições ambientais e supostamente resistentes e de fácil multiplicação.

Para pequenas e médias fábricas é adequado, pois a produção industrial usualmente não trabalha com grandes volumes desde o início e não exige pés de fermentação volumosos.

Preparado com observância dos fatores que favorecem o desenvolvimento das leveduras, os fermentos caipiras podem ter longa duração.

5.10.2. Fermento de panificação

O fermento de panificação consiste de células de levedura pré-desenvolvidas industrialmente e colocadas a disposição dos consumidores na forma de blocos úmidos prensados, ou como minúsculos grânulos secos. Estes têm duração prolongada, ao contrário dos blocos prensados, que perdem rapidamente a validade fora de refrigeração.

O fermento de panificação, especialmente produzido para as panificadoras, é aplicado suspenso em água, para facilitar seu desenvolvimento no mosto. As quantidades a usar são pequenas, mas têm rápido crescimento e grande eficácia.

O fermento prensado é aplicado na dosagem de 10 a 15 gramas por litro de mosto, ou de 5 a 10 gramas de fermento seco por litro de mosto. Para ter sucesso é importante observar as exigências de temperatura, diluição, reação do meio e adição de nutrientes recomendados. As leveduras que compõem o fermento são microrganismos resistentes, mas convivem com a hostilidade dos contaminantes que ocorrem no fermento e na matéria-prima.

5.10.3. Fermento puro e selecionado

Os microrganismos em geral são encontrados na natureza em plena atividade, dispersos em meio a populações. As leveduras são encontradas nessa situação e para serem bem conhecidas devem ser destacadas, para mostrar suas características de resistência ao calor, alta produção de álcool e outras. É a meta dos pesquisadores e fabricantes, mas há limitações.

O emprego de fermento selecionado em engenhos e destilarias de aguardente não é totalmente satisfatório, por algumas razões.

Uma é a falta de conhecimento técnico dos beneficiados e outra a sistemática falha de observação no processo industrial. O autor estabelece uma hipótese e a expõe para discussão:

"Fermento preparado com levedura pura e selecionada oferece melhor desempenho industrial durante curto período, desde que trabalhe em meio esterilizado. Porém, alimentado na destilaria com caldo de cana proveniente da moenda, que é um mosto rico em microflora natural, sofre um retrocesso em sua purificação. A levedura volta ao meio original, mistura-se com as nativas do caldo e continua sua atividade com as do meio adicionado, que à sua vez também se multiplicam, fermentam e refazem uma população impura. Está desfeita a pureza."

O fermento age de forma satisfatória por curto período e volta à sua condição natural ao entrar em contato com as leveduras naturais do caldo proveniente das moendas. Está perdida a condição de pureza e seleção.

Então, a solução é colher outro fermento, como o caipira, ou o de panificação. Será satisfatório usar fermento caipira ou de panificação submetido às condições de matéria-prima madura, sadia, corrigida quanto a temperatura, diluição, reação química e adição de nutrientes, antibióticos e antissépticos.

6

FERMENTAÇÃO ALCOÓLICA

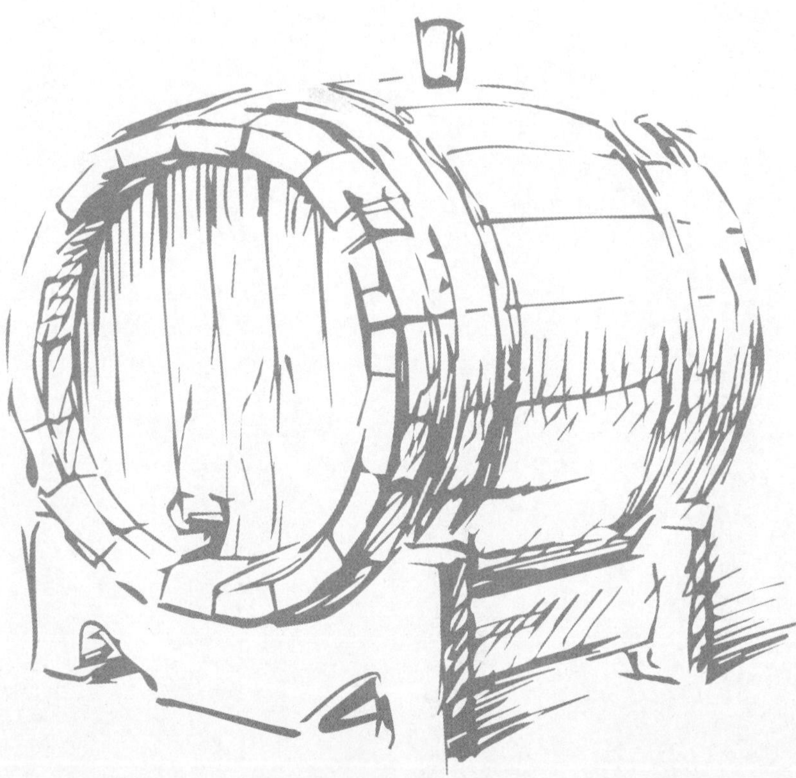

6.1. Considerações gerais

Por definição simplista, fermentação alcoólica é um fenômeno pelo qual os açúcares, como os contidos no caldo de cana, são transformados em álcool e gás carbônico, por ação de leveduras.

A fermentação alcoólica dos mostos se realiza em três fases distintas: pré-fermentação ou fermentação preliminar, fermentação principal ou tumultuosa e pós-fermentação ou fermentação complementar.

A pré-fermentação inicia quando o fermento (leveduras) é adicionado ao mosto devidamente preparado, e se caracteriza por ativa multiplicação das células e elevação lenta e gradual da temperatura do meio. Quando ela termina, ainda com pouca espuma, após 5 a 6 horas, inicia a fermentação principal, que é reconhecida pela elevação rápida da temperatura, queda da densidade do mosto por causa do consumo dos açúcares e da formação equivalente do álcool. A acidez eleva-se e abaixo o pH. Essa fase termina quando desaparecem as espumas persistentes e o mosto em fermentação se mostra descoberto, aos olhos do observador. Sua duração é de aproximadamente 9 a 10 horas.

A fermentação principal se modifica progressivamente. As bolhas formadas inicialmente se avolumam e ocupam grande parte do espaço vazio da dorna, chegando a derramar se o enchimento for feito de uma vez, ou apressadamente. Por isso é conveniente alimentar a dorna aos poucos, lentamente, a curtos intervalos ou em fluxo fino (filete) e contínuo.

Alimentar a dorna com carga única reduz a velocidade da fermentação e causa formação de muita e forte espuma. Depois de formada, geralmente derrama e é difícil fazê-la baixar. Ela pode ser um pouco atenuada com aplicação de antiespumantes. Entretanto, o rompimento das bolhas é temporário e exige repetidas aplicações do quebra-espumas.

A fermentação complementar, ou pós-fermentação, inicia logo que desaparecem as espumas abundantes e persistentes. Ela é caracterizada pela diminuição lenta e gradativa da temperatura do mosto, diminuição do desprendimento do gás, queda mais lenta do Brix e maior tranquilidade na superfície do líquido, onde não mais se formam espumas. Percebe-se apenas o rebentar das bolhas à superfície.

Essa fase demora de seis a oito horas; o tempo deve ser o mínimo possível para evitar contaminação do vinho e do pé que será utilizado em fermentação seguinte. Vinho é o mosto totalmente fermentado e pé é o vinho residual no fundo da dorna, que contém a massa de células de levedura sedimentada no fundo das dornas.

6.2. Condução da fermentação alcoólica

A condução da fermentação depende das instalações, do sistema usado no preparo do pé de fermentação e das variações de operação da destilaria, como o reaproveitamento consecutivo do pé-de--cuba e a adoção do sistema de cortes.

O método mais comum, adotado quase como regra nas pequenas fábricas de aguardente, é o de reaproveitamento consecutivo dos pés-de-cuba, na mesma dorna. Este sistema obedece ao seguinte esquema geral:

1. O levedo, preparado em volume adequado, é colocado na dorna de fermentação;
2. Em seguida é feita alimentação com mosto corrigido, diluído a 12-14°Brix e aquecido a 26-28°C, até encher a dorna em pequenos intervalos, ou em fluxo contínuo. A alimentação lenta em fluxo contínuo é conseguida alimentando 2 ou 3 dornas ao mesmo tempo. A alimentação lenta de um pé rico em células e pobre em açúcares traz uma vantagem adicional, que é trabalhar com mosto duplamente diluído, pela origem e pela mistura com o pé-de-cuba. Em consequência, operação mais rápida, menor elevação de temperatura e menor risco de contaminação;
3. A temperatura do mosto na dorna é mantida entre 30-32°C. Como o processo é exotérmico (gera calor) a temperatura inicial aumenta na dorna. O final da fermentação ocorre depois de 24 a 36 horas e é reconhecido como terminado quando o vinho acusa 0°Brix, ou menos e a temperatura declina. O vinho é enviado para destilação depois de mais 2 a 3 horas, para que as leveduras sedimentem completamente. A retirada do mosto fermentado é feita na parte inferior da dorna, em uma altura que permita reter quantidade de vinho correspondente a 20% do seu volume útil;

5. Este volume pode ser retido automaticamente pela retirada do vinho acima do fundo, com uma canalização própria ou por meio de um tubo removível, curto, rosqueado na saída de esgotamento da dorna (Figura 6.1);

5. Aos 20% de vinho retido, que constituem o pé para outra fermentação, são adicionados:

Ácido sulfúrico.................................1 g por litro
Sulfato de amônio.............................1 g por litro
Farelo de arroz.................................1 g por litro
Superfosfato.....................................1 g por litro

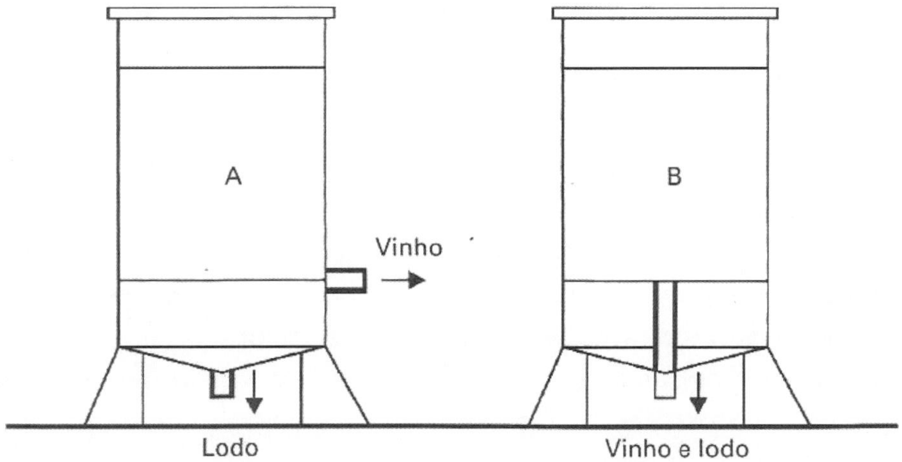

A - Dois registros, sendo um lateral, para retirada do vinho.
B - Um único registro, mas com tubo curto removível e rosqueado no tubo de descarga, central ou lateral.

Figura 6.1. Esgotamento do vinho com retenção automática do pé-de-cuba

e, a seguir, lentamente, é feita a alimentação com mosto diluído a 12-14°Brix e 26-28°C, até completar o enchimento da dorna;

6. Esse procedimento é repetido enquanto a fermentação for regular, ativa e uniforme. Quando ela começar a se tornar irregular, lenta e o Brix deixar de cair a zero, um pé novo é preparado e as operações são recomeçadas;
7. Mesmo que as fermentações corram bem, pelo menos semanalmente, o mosto diluído de 12-14°Brix e 26-28°C que alimenta os pés ou fermentos de cada dorna deve ser complementado com:

   Ácido sulfúrico..............................1 g por litro
   Sulfato de amônio.........................1 g por litro
   Farelo de arroz.............................1 g por litro
   Superfosfato.................................1 g por litro

São poucas as pequenas destilarias que usam o sistema de cortes, cujo esquema é o que segue:

1. Quando a fermentação da primeira dorna estiver quase no fim, ainda com agitação, antes de atingir 0°Brix, é feito o corte, isto é, um terço do seu volume de vinho é transferido para uma segunda dorna, as duas são alimentadas e deixadas a fermentar. O corte é feito com a dorna não totalmente fermentada, ainda em movimentação, para evitar que as leveduras se depositem no fundo. A sedimentação total impede a sua passagem de uma dorna para outra, porque a transferência será apenas de vinho, com células insuficientes, o que causará fermentação demorada na dorna que recebe o corte;

2. Logo que tiver sido completamente transformado em vinho, o mosto da primeira dorna é enviado para a destilação sem retenção de pé e a dorna é muito bem lavada para receber o produto de um corte de outra dorna qualquer;
3. Quando o mosto da segunda dorna estiver fermentando, procede-se como foi feito para a primeira dorna, cortando a segunda para uma terceira e assim sucessivamente; a terceira dorna e as subsequentes serão cortadas pelo mesmo procedimento de corte.

Os cortes são continuados enquanto a fermentação se processar de modo satisfatório. Quando isso não se verificar mais, é preparado um novo pé-de-cuba e todas as operações são recomeçadas. Depois de algum tempo de trabalho normal, os cortes repetidos podem ocasionar diminuição da vitalidade da levedura, infecção do levedo e ocorrência de fermentações irregulares, com perdas de álcool cada vez mais acentuadas. Para evitar fermentações de baixo rendimento industrial é recomendável preparar com antecedência pés novos, puros e ativos. Também, é recomendável corrigir todo mosto diluído utilizado para alimentar os cortes adicionando-lhe:

Ácido sulfúrico............................1 g por litro
Sulfato de amônio ....1g por litro
Farelo de arroz ....1 g por litro
Superfosfato ....1 g por litro

6.3. Verificação prática da fermentação alcoólica

A verificação prática da pureza e da marcha da fermentação alcoólica é feita pela observação do tempo da fermentação, cheiro, aspecto da espuma, presença da mosca no vinagre, temperatura, acidez e álcool.

6.3.1. Tempo de fermentação

O tempo total da fermentação, com inclusão da alimentação da dorna, oscila de 24 a 36 horas. Se ela prolongar por mais de 36 horas fica evidente que há uma irregularidade, cujas causas devem ser encontradas e corrigidas prontamente.

A demora pode ser devida ao mau preparo do pé-de-cuba, ao seu volume insuficiente, à temperatura excessiva na fermentação ou à concentração de açúcar muito elevada no início, correspondente aos graus Brix muito elevados.

6.3.2. Cheiro da fermentação

Numa sala de fermentação o cheiro deve ser sadio, ativo, forte, agradável e característico, que lembra o de frutas maduras e reflete o estado de pureza da fermentação do mosto nas dornas.

Nas fermentações defeituosas sente-se, mesmo no ambiente da sala de fermentação, um cheiro diferente e muitas vezes desagradável, que varia com a natureza e intensidade da infecção predominante.

A limpeza rigorosa nos pisos, paredes, aparelhos, canalizações, dornas e pertences é garantia de boa fermentação e forma de combate ao mau cheiro.

6.3.3. Aspecto da espuma na fermentação

Aos olhos de pessoa habituada ao trabalho da fermentação do caldo de cana, o aspecto da espuma é um bom meio de julgamento.

Inicialmente, à superfície da dorna forma-se uma camada de espessura e cor variáveis, de acordo com a quantidade de bagacilho que acompanha o mosto. Essa crosta fende-se com o desenvolvimento da fermentação. Pelas fendas, que se multiplicam continuamente, aparece uma espuma clara e brilhante, que acaba por submergir a crosta de bagacilho e cobrir a superfície do mosto.

A espuma se avoluma e formam-se bolhas maiores e persistentes, de cor e aspecto característico, diferentes das iniciais; ela ocupa o espaço vazio da dorna, chegando mesmo a transbordar. Com o prosseguir do processo, a espuma espessa quebra, desaparece e deixa a descoberto o mosto em fermentação. Daí em diante é percebida uma intensa formação da espuma fina e não persistente nas bordas da dorna, que rebentam e formam uma corrente para o centro, como uma verdadeira fervura. Ao chegar ao fim da fermentação, O rebentar das bolhas de gás é cada vez menos intenso até que a superfície do vinho se apresente tranquila.

É um mau sinal quando, mesmo depois de terminada a fermentação, com o Brix a 0°, o vinho ainda apresenta sinal de fermentação em determinados pontos da dorna, com projeção de flocos de fermento para a superfície do vinho.

Se o caldo for fervido e clarificado, o que é raro, o aspecto das espumas é diferente, mas continua sendo um bom meio para julgar o andamento do processo fermentativo.

6.3.4. Presença da mosca do vinagre na sala de fermentação

Quando as fermentações são sadias não aparecem drosófilas, as mosquinhas conhecidas por mosca do vinagre, as mesmas que se acumulam sobre frutas excessivamente maduras, como as bananas, por exemplo.

A sua presença numa sala de fermentação, sobrevoando ou pousando numa dorna de fermentação, às vezes em grande número, é sinal evidente de infecção bacteriana do vinho que se avinagra.

É preciso atenção para o fato e corrigir imediatamente a fermentação, preparando pés novos, puros, ativos e bem corrigidos, eliminando os que se mostram infeccionados.

Só assim será possível evitar que o mal aumente e conduza a fermentações demoradas e à obtenção de produto de má qualidade e baixo rendimento industrial.

6.3.5. Temperatura de fermentação

A temperatura ótima durante a fermentação na destilaria deve oscilar de 30°C a 32°C. A elevação da temperatura acima de 32°C ocasiona o enfraquecimento das atividades da levedura, beneficia o crescimento de microrganismos responsáveis pelas fermentações infecciosas, facilita as perdas de álcool por evaporação, tanto as mais elevadas quanto mais alta a temperatura, e determina menor rendimento industrial em aguardente.

A temperatura aumenta quando a fermentação se inicia e diminui na fase final, com tendência a atingir a temperatura ambiente.

Assim que a temperatura do mosto em fermentação atingir 30°C deve-se procurar mantê-la nesse nível. Por isso é benéfico contar com serpentinas ou outro sistema de refrigeração, no esforço de manter o líquido entre os limites de 26 e 32°C.

6.3.6. Brix do mosto em fermentação

A observação periódica do Brix do mosto em fermentação indica o andamento do processo fermentativo.

As observações se iniciam após o enchimento da dorna e devem ser repetidas a cada duas horas, até o fim da operação. Se ela for normal e industrialmente pura, os graus Brix devem diminuir rápida e constantemente e atingir zero em, no máximo, 36 horas. Com bons pé-de-cuba é comum a fermentação terminar antes de 24 horas.

A queda do Brix é lenta na primeira fase da fermentação, rápida e acelerada na fase da fermentação principal e lenta na pós-fermentação.

A interrupção da queda do Brix é mau sinal numa fermentação e deverá ser investigada. Se não é devida a um abaixamento súbito da temperatura, quase sempre é fruto de infecção, de pé mal preparado ou em quantidade insuficiente para a grande quantidade de açúcar inicialmente presente no mosto.

6.3.7. Acidez do mosto em fermentação

A acidez do mosto em fermentação eleva-se do começo ao fim. Entretanto, este aumento deve ser pouco acentuado, de tal modo que, no final, não acuse grande alteração em relação à acidez inicial.

A elevação exagerada na acidez do mosto, do início ao fim do processo, é indicador de má fermentação ou de fermentação infeccionada.

O pH inicial, que varia de 4,5 a 5,0, deve diminuir no final da fermentação para 3,8 a 4,8, aproximadamente.

A acidez total inicial do mosto, expressa em ácido sulfúrico, que oscila de 1,0 a 1,5 gramas por litro de mosto, deve chegar no final ao redor de 2,0 a 3,0 gramas por litro de vinho.

6.3.8. Álcool no mosto em fermentação

O álcool é originado pelo desdobramento dos açúcares presentes no mosto. No início da fermentação há mínima quantidade de álcool porque as leveduras estão na fase da pré-fermentação, em que se multiplicam mais ativamente e formam pouco álcool.

Ao passar para fase da fermentação principal, a reprodução das leveduras é mínima e a formação de álcool aumenta, de maneira inversa ao que ocorre com o Brix do mosto, que diminui até a transformação completa dos açúcares. A redução máxima do Brix corresponde a produção máxima de álcool.

6.3.9. Composição do vinho

Terminada a fermentação, o mosto passa a ser vinho, que contém produtos gasosos, líquidos e sólidos.

Dentre os produtos gasosos aparecem o ar e o gás carbônico (CO_2). Os líquidos são a água (86-88%), o álcool etílico (6-8%), os produtos secundários da fermentação alcoólica e os provenientes das fermentações infecciosas.

A água e o álcool etílico são os componentes mais importantes, pois produzem a aguardente pela destilação.

Outros produtos da fermentação, secundários, mas normais, aparecem em pequenas quantidades nos vinhos, constituídos de glicerina, aldeídos, ácidos orgânicos, ésteres desses ácidos, álcoois superiores e furfurol. O furfurol ocorre mais comumente nas aguardentes obtidas por destilação com aquecimento a fogo direto.

Muitas destas substâncias, que aparecem em mínimas frações são destiladas juntas com o álcool e a água, entram na composição da aguardente e influem no cheiro e sabor.

Dos produtos sólidos do vinho, uns estão em solução, como açúcares infermentados, matérias minerais e nitrogenadas, enquanto outros aparecem em suspensão, como células de leveduras e outros microrganismos, bagacilho, terra e demais impurezas acidentais que acompanham o caldo ou caem no mosto durante sua fermentação.

Os produtos que compõem os vinhos podem ser considerados voláteis (água e os álcoois) e fixos. Os voláteis incluem CO_2, furfurol, ésteres, aldeídos e ácidos; e os fixos são constituídos pelas matérias sólidas dissolvidas ou em suspensão.

O vinho resultante de uma boa fermentação deve acusar 0° Brix ou valor inferior, por causa do álcool presente, que abaixa a densidade do líquido. Também, deve ser isento de açúcares, ou conter mínima percentagem de açúcares infermentados, revelar pH variável de 3,8 a 4,8, ou acidez sulfúrica total entre 2 e 3 gramas por litro, e um mínimo em acidez volátil. O seu teor alcoólico deve variar de 6 a 8% em volume.

6.4. Microflora do vinho

Nos vinhos das diferentes fábricas de aguardentes ocorrem os microrganismos que acompanham a cana e seu caldo. Nos vinhos oriundos de boas fermentações há predominância de leveduras do gênero *Saccharomyces, ac*ompanhadas de *Hansenulas* e *Schizosaccharomyces.* Também é comum aparecerem os gêneros *Pichia, Kloeckera* e *Candid*a. Dentre as bactérias, predominam as acéticas e lácticas.

6.5. Rendimento das fermentações nas destilarias

O rendimento nas fábricas de aguardentes é comumente avaliado em função da cana esmagada ou do vinho destilado. Qualquer das duas maneiras é falha. No primeiro caso, sabendo-se o peso de cana que foi esmagada e o número de litros de aguardentes obtido, o rendimento é calculado da seguinte maneira:

$$\text{Aguardente \% de cana} = \frac{100 \times \text{Litros de aguardente}}{\text{Quilos de cana esmagada}}$$

É um sistema falho porque, além de outros fatores, são comparadas unidades métricas diferentes; o volume de caldo obtido por 100 quilos de cana varia com a extração e a riqueza da cana em açúcares oscila enormemente.

Na prática admite-se um trabalho bom quando o rendimento de aguardente por 100 quilos de cana oscila de 9 a 10 litros. Isto é, um rendimento de 90 a 100 litros de aguardente por tonelada de cana.

É mais generalizado o cálculo de rendimento em relação ao volume de vinho destilado, como segue:

$$\text{Aguardente \% de vinho} = \frac{100 \times \text{Litros de aguardente}}{\text{Litros de vinho destilado}}$$

A média é de 15%, porém, não raras vezes, se obtêm 18 e 20%, o que quer dizer que de 1.000 litros de vinho destilados se obtêm 180 a 200 litros de aguardentes. O rendimento assim expresso não deixa claro qual é a concentração alcoólica da aguardente.

A maneira mais precisa é determinar a quantidade de aguardente de determinado grau alcoólico, obtida por massa de açúcar trabalhado, porém é difícil estabelecer este critério para destilarias que não fazem controle da massa (*peso)* da cana trabalhada, nem análise de açúcar no caldo.

6.6. Dornas de fermentação

As dornas são os recipientes onde se processa a fermentação. Elas são construídas com materiais diversos, assim como de forma e volume, para atender variada capacidades, desde centenas de litros a centenas de metros cúbicos. Há as feitas de pranchões de madeira, paralepídicas como grandes caixas, denominadas de cochos; assim como grandes tinas construídas com aduelas, de alvenaria revestida, pequenas e de alguns metros cúbicos; depósitos de fibra e caixa de cimento pintadas ou não internamente com piche. Em um modesto engenho foram vistos cochos escavados em troncos, horizontais, como os de ministrar sal ao gado, com caldo em fermentação.

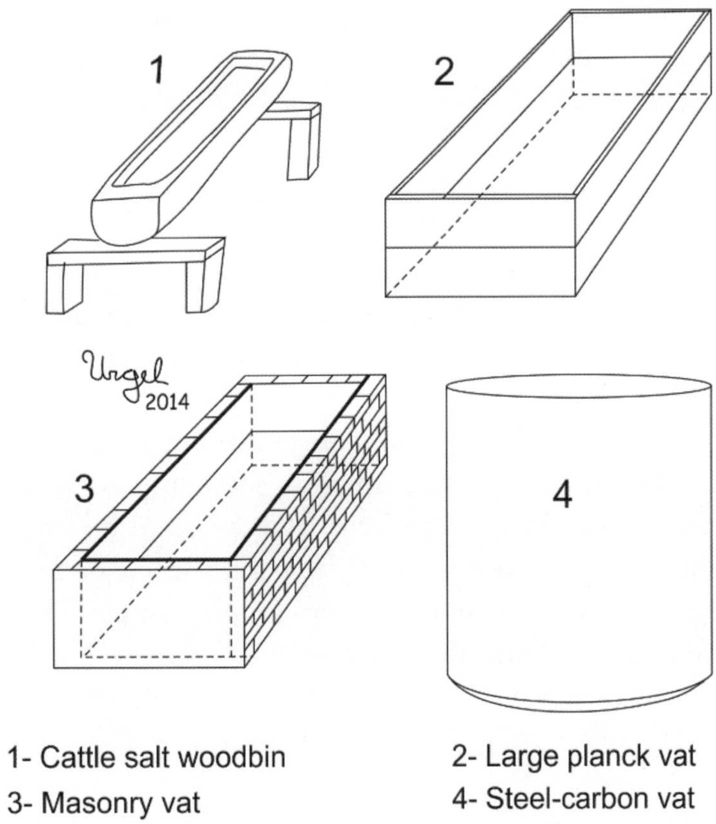

Figura 6.2. Recipientes para fermentação

As dornas ditas de ferro, com chapas de aço carbono, de qualquer capacidade, por exemplo, a 40 metros cúbicos ou mais, são a melhor escolha como recipientes para fermentação. São de fácil fabricação e durabilidade de longa duração proporcional à espessura da chapa e pintura externa. Sua manutenção é fácil e barata, recebe bem a instalação de refrigeração ou aquecimento útel para o controle de temperatura dos mostos em fermentação. Podem ser abertas ou fechadas.

Nestas podem ser adaptados recuperadores de álcool arrastado com o gás desprendido durante a fermentação.

No final da safra são lavadas com água e caiadas internamente, para proteger da ferrugem. Estão protegidas e prontas para uso no início da safra seguinte; basta lavar com jatos de água para eliminar sujidades e alimentar com mosto e ferventar. Não precisa remover a caiação; o mosto em fermentação se encarrega.

As dornas abertas são as mais comuns, de mais fácil limpeza e custo menor. Entretanto, facilitam a infecção do mosto e a perda de álcool, como comumente se diz, por evaporação. É mais apropriado afirmar perda por arraste pelo gás que se desprende, ou por projeção de mosto fora da dorna, quando rebentam as bolhas de espuma na fase tumultuosa da operação.

A hipótese de perda de álcool por evaporação na superfície do mosto em fermentação, não se sustenta. O mosto que está em aparente ebulição por efeito do desprendimento do gás, no máximo acusará 35°C, muito abaixo da temperatura de ebulição do etanol. A perda certamente ocorre, mas não foi encontrada referência numérica sobre ela ou sobre um método para sua mensuração. É uma sugestão para pesquisa.

As dornas de alvenaria apresentam alto grau de porosidade, dificultam a limpeza, facilitam as infecções, são corroídas pelo mosto em fermentação, em virtude do seu caráter ácido, e exigem reparo anual, quando não com maior frequência.

As dornas de madeira cilíndricas são construídas por tanoeiros, com aduelas grossas. Também podem ser feitas na forma de caixas, de seções retangulares, com pranchões de madeira grossa. Neste caso são designadas por cochos. As dornas de madeira são melhores do que as dornas de alvenaria, mas possuem porosidade e frestas entre as aduelas e as pranchas, o que dificulta uma limpeza rigorosa e permite a criação de focos de infecção pelo vinho que entranha nelas.

As dornas de cimento que são corroídas facilmente, são comumente revestidas com betume ou tinta asfáltica. As dornas de fibra de vidro e de ferro, abertas ou fechadas, são boas porque facilitam uma rápida e completa limpeza e não oferecem risco de permanência de focos de infecção. As de ferro são de longa duração, de fácil conservação e não exigem reparos anuais. O único inconveniente que se poderia alegar diz respeito à maior condutibilidade do calor, porém, numa destilaria cujo trabalho é bem controlado, com sala de fermentação adequada e sistema conveniente de refrigeração, esse inconveniente é superado.

6.6.1. Localização das dornas

As dornas de fermentação devem ser localizadas em salas específicas de fermentação, que deve abrigá-las das intempéries, do sol direto e oferecer ambiente limpo, arejado, construído de maneira a permitir asseio perfeito. A distribuição das dornas é feita de acordo com seu tipo.

As dornas de alvenaria, de secção retangular, são construídas em conjunto, contíguas, com uma parede servindo a duas, distribuídas dentro de uma série quando o seu número for pequeno, ou em duas séries paralelas, uma de cada lado da sala de fermentação. Neste caso, é mantida uma passagem central entre elas, no mínimo de 1,5 m, para facilidade de assentamento das canalizações e realizar operações de limpeza.

As dornas cilíndricas, de madeira, fibra de vidro e de aço devem ser instaladas uma ao lado da outra, equidistantes e separadas por um espaço que dê passagem livre a uma pessoa à sua volta e assentadas sobre bases de alvenaria, concreto, ou pés metálicos, no mínimo 50 cm acima do nível do piso, para facilitar a limpeza e a inspeção do fundo.

Quando o número de dornas é grande devem ser distribuídas também em séries, separadas por uma passagem larga, no mínimo de 1,5 m e espaço livre mínimo de 50 cm entre dornas.

6.6.2. Tratamento, limpeza e conservação das dornas

Estas operações variam com o tipo da dorna e o período de trabalho da fábrica.

Tratamento das dornas

Com o fim de diminuir sua porosidade natural, garantir maior duração e possibilitar fermentações mais puras, as dornas de madeira, de alvenaria e de cimento devem receber tratamentos de impermeabilização no início de cada safra. Há várias maneiras, como usar parafina, películas plásticas, pintura asfáltica e outras.

As dornas de fibra e de aço carbono dispensam esse cuidado. As de aço devem ser pintadas externamente com tinta resistente à água e internamente por caiação, que as protege da ferrugem.

Limpeza das dornas

A limpeza perfeita das dornas tem máxima importância durante a fermentação. Elas, qualquer que seja o seu tipo e forma, devem ser lavadas internamente com muita água sob pressão e ajuda de escova e para remover completamente qualquer material ou resíduo aderente às paredes.

Quando a destilaria reaproveita os pés-de-cuba, não é feita limpeza interna completa das dornas depois de cada fermentação, a não ser periodicamente, ao renovar o fermento. A crosta que fica aderida às paredes, acima do nível do mosto em fermentação, deve ser removida diariamente, após a retirada do vinho. A remoção deve ser cuidadosa para não cair dentro, sobre o pé restante; com panos limpos e encharcados de água limpa, ou com água clorada, completa-se a higiene do local de onde a crosta foi removida.

Quando os pés de fermento são substituídos, após a retirada do vinho e do lodo, as dornas são lavadas com água sob pressão, com ajuda de uma escova dura. Externamente, é obrigatória a limpeza diária.

Conservação das dornas

Ao terminar a safra, as dornas de aço são lavadas, repintadas por fora e caiadas por dentro.

Nas de alvenaria, logo depois de limpas e secas, é feito o retoque das juntas e novo revestimento, que se estende ao piso.

As de madeira, depois de limpas, são conservadas secas, como já descrito, ou com água, para manter a vedação, Neste caso é necessário supervisão periódica para lavagem, renovação ou substituição de partes eventualmente apodrecidas.

6.6.3. Refrigeração das dornas

É aconselhável instalar sistema de refrigeração nas dornas, externo ou interno. A refrigeração interna, com serpentina, embora mais cara, é recomendada porque, além de ser eficiente, possibilita operação de resfriamento e de aquecimento.

Quando a temperatura se eleva, passa-se água fria pelas serpentinas. Se a temperatura cair muito em dias frios, pode-se circular água quente, de maneira a manter o mosto em fermentação entre os limites de 30 e 32°C.

A refrigeração interna é normalmente ligada quando o mosto em fermentação atingir de 28 a 30°C.

6.6.4. Volume das dornas

O volume das dornas varia de acordo com o método de fermentação adotado e depende do tipo de aparelho de destilação e de sua capacidade, do mosto e da produção diária da destilaria.

Se o aparelho de destilação é um alambique de carga de 1, 2 ou 3 corpos, a capacidade das dornas deve ser 15 a 20% maior que a carga do aparelho. Este excesso é para compensar a falta de enchimento total da dorna e o volume de pé que fica retido na dorna para nova fermentação.

É preciso haver harmonia entre a capacidade da dorna e a do alambique para que o vinho seja completamente destilado dentro de duas a três horas depois de terminada a fermentação, evitando acetificação e maior formação de álcoois superiores e contribuindo para melhor rendimento e qualidade da aguardente fabricada.

Para um mesmo volume de mosto, as dornas de pequeno volume são em maior número, exigem mais mão de obra para supervisão e limpeza, são mais sujeitas a variações de temperatura durante a fermentação, são relativamente mais caras e sua instalação é mais dispendiosa devido ao maior comprimento das canalizações e ao maior número de registros e pertences. Entretanto, os prejuízos são menores quando ocorre uma infecção séria e é necessário rejeitar mostos infeccionados.

As dornas de maior capacidade são em menor número e mais econômicas em mão de obra, supervisão, limpeza e custo do que as de pequena capacidade e oferecem mais cômoda e segura regularização de temperatura durante a fermentação. Tomam maior lugar na sala de fermentação, exigem prédio mais amplo, retêm o vinho por mais tempo aguardando a destilação, podendo infeccionar. Quando houver acidente as perdas são mais vultosas.

A melhor opção é a de serem construídas com volume que permita que o vinho de uma dorna seja destilado em uma ou duas horas, para não comprometer a qualidade da aguardente, a pureza do pé a ser reaproveitado e manter a regularidade do trabalho na seção de fermentação.

6.6.5. Canalizações nas dornas

As dornas de fermentação exigem canalizações para mosto, água de refrigeração, levedo alcoólico, vinho e lodo do fundo, feitas de material não corrosível e resistentes ao calor, no caso de haver necessidade de usar vapor ou água fervente para eliminar focos de infecção.

6.6.6. Controle da fabricação

Nenhuma fábrica poderá funcionar adequadamente se não possuir sistema de controle de fabricação, por mais simples que seja.

Se não houver possibilidade ou condição para um sistema informatizado, há que estabelecer um processo de registro por livros ou fichas para acompanhar entrada de matéria-prima, fichas para ter conhecimento da marcha da fermentação, da destilação, estoque e outros sobre a rotina industrial diária. É fundamental ter o registro do que ocorre nas dornas a cada ciclo de fermentação e seu desempenho sanitário e de produção, para manter o equilíbrio da produção da aguardente. Afinal, é na dorna que se fabrica o lucro, a riqueza e o progresso da destilaria. A operação na dorna informa o que deve ser perfeito antes e depois da operação da fermentação para o sucesso empresarial.

O sistema a ser adotado depende de cada destilaria, dadas as múltiplas e variadas condições locais de cada fábrica de aguardente.

Se os boletins (Tabela 6.1) de controle de cada dorna são preenchidos criteriosamente, é possível conhecer o trabalho da indústria e encontrar as informações para continuar, corrigir, melhorar ou substituir o sistema de fabricação usado. A observação dos boletins permite aquilatar o trabalho realizado de véspera, suas falhas e o comportamento do fermento.

As fichas de controle de fabricação devem ser complementadas com um boletim de controle da produção como movimento diário, mensal e anual da fábrica e do estoque de aguardente para cada reservatório.

6.7. Produtos secundários da fermentação alcoólica

Além do álcool e do gás carbônico são formados vários outros produtos durante a fermentação alcoólica, denominados secundários. A sua presença varia de acordo com a natureza, diluição e correção dos mostos, com a levedura, condições em que se realiza a fermentação, bem como com o sistema de destilação e conservação, quando se considera o produto destilado.

Eles podem ser fixos, como a glicerina e o ácido succínico, e voláteis, como os álcoois superiores, aldeídos e ésteres.

Os produtos fixos são normais na fermentação. Sua proporção será tanto menor quanto mais pura, nova e ativa for a levedura empregada. Quanto menor for a proporção dos produtos fixos formados durante a fermentação alcoólica, maior será a do álcool e o produto destilado apresentará melhor buquê.

Dos produtos voláteis, uns são normais na fermentação, enquanto outros são puramente acidentais. Eles têm origem em condições diferentes durante a fermentação alcoólica.

6.8. Acidentes da fermentação alcoólica

Nos climas tropicais é difícil conseguir sempre fermentações normais nas pequenas fábricas de aguardente, e as principais razões desta dificuldade são as que seguem:

1. A cana, mesmo cortada, transportada e armazenada com os cuidados necessários, está sempre exposta a infecções;
2. Nem sempre as fábricas de aguardente preparam os pés de fermentação convenientemente, em relação à qualidade e à quantidade;
3. As salas de fermentação nem sempre são bem construídas e o asseio não é perfeito;
4. A limpeza das dornas, canalizações, moendas, depósitos de caldo e dependências não é levada a efeito com o rigor exigido;
5. Devido à falta de instalação adequada, ausência de refrigeração e falta de água, a temperatura de fermentação frequentemente ultrapassa 35°C;
6. A correção dos mostos em relação à temperatura, diluição e acidez nem sempre é feita e, quando feita, não satisfaz às exigências técnicas;
7. É comum o uso de fermento de baixo poder fermentativo;
8. Não há controle da fabricação e a fermentação é conduzida sem método adequado;
9. Falta de assistência técnica e de conhecimento dos princípios da fermentação por parte dos operários.

Os acidentes mais comuns em nossas destilarias são resultantes de fermentações secundárias, tais como as fermentações láctica, butírica, acética e produtora de dextrânio. Dentre os fatores que mais de perto ocasionam dificuldades na fermentação alcoólica do caldo de cana, podem ser assinalados os seguintes:

1. Escolha defeituosa das variedades de cana, ou adoção de uma única variedade na lavoura, que não seja a mais adequada;
2. Moagem com mistura de canas verdes, com caldo de Brix inferior a 18° ou de canas cortadas há mais de cinco dias e expostas às intempéries durante este tempo;
3. Uso de coadores inadequados ou defeituosos nas moendas, que propiciam a obtenção de caldo excessivamente rico de bagacilho;
4. Falta de correção adequada dos mostos, principalmente em relação à concentração de açúcar (Brix), à temperatura e à alimentação;
5. Falta de asseio na extração do caldo, na preparação do mosto, no preparo dos pés, nas canalizações, nas dornas de fermentação e na sala de fermentação;
6. Emprego de águas já contaminadas ou poluídas na diluição do caldo para o preparo dos mostos;
7. Preparo de pés de fermentação insuficientes em número, periodicidade e em relação ao volume das dornas, e escolha inadequada de leveduras para o preparo dos pés;
8. Falta de correção dos pés-de-cuba com ácido sulfúrico, farelo de arroz e sais minerais;
9. Falta de correção periódica dos mostos com sais minerais e farelinho de arroz;
10. Prática usual, mas errônea, de alimentar os pés de fermentação com excesso de mosto ou enchendo as dornas de uma só vez;
11. Inobservância do controle da temperatura de fermentação por falta, ou pela existência, de instalação de refrigeração defeituosa ou imprópria;
12. Uso de dornas mal proporcionadas em relação ao diâmetro e altura, ou de dornas mal localizadas e construídas com material condenado pela prática.

Data do início: ____/_____/_____							
Dorna número:				Capacidade:			litros
Volume de pé-de-cuba:					litros		
Pé-de-cuba usado:			(caipira, fermento de padaria, selecionado)				
Tratamento do pé-de-cuba							
	g de farelo de arroz,				g de superfosfato,		
	g de sulfato de amônio				mL de ácido sulfúrico		
Mosto:	°Brix		Temperatura:		°C	Volume:	litros
Enchimento:		Início	hora	Término	hora;	data ___/____/___	
	ACOMPANHAMENTO						
Hora	°Brix*	Hora	°Brix	Hora	°Brix	Hora	°Brix
Brix*:	Quando terminou o enchimento						

DESTILAÇÃO

7

7.1. Considerações gerais

A pinga, ou cachaça, é a aguardente de cana-de-açúcar obtida pela conjugação de duas operações distintas. A primeira é a produção do álcool no caldo pela fermentação e, a segunda, sua separação pela destilação.

Comumente, quando se fala em álcool, se está referindo ao álcool etílico ou etanol que se forma nas dornas de fermentação quando o mosto entra em contato com as leveduras do pé-de-cuba.

Ao mesmo tempo em que o álcool é gerado, outros produtos são formados em proporções mínimas, por transformações químicas ou por outras fermentações concomitantes, denominadas de fermentações secundárias.

Terminada a fermentação, o mosto passa a ser chamado de vinho, de constituição variável, composto de materiais gasosos, líquidos e sólidos.

Os gasosos, em pequenas quantidades, são o gás carbônico e o ar. Os líquidos mais importantes são a água (80 a 90%) e o álcool etílico (6 a 10%). Também, os álcoois amílico, isoamílico, propílico, isopropílico, butílico e isobutílico, aldeídos, furfural, glicerol e ésteres constituem outra parcela dos líquidos, de pequena importância quanto ao seu volume (1 a 3%), mas de grande efeito na qualidade organoléptica dos destilados.

As matérias sólidas são compostas pelos sais minerais e açúcares infermentados dissolvidos pelas células de leveduras, de bactérias, terra e outras impurezas mecânicas em suspensão.

O álcool é separado desse material impuro e heterogêneo, por destilação, em graus de pureza e concentração variáveis.

Pela destilação, a parte mais volátil de um sólido ou de um líquido é transformada em vapor e, em seguida é condensada e separada sob forma líquida, das outras substâncias às quais estava misturada.

A destilação pode ser simples ou periódica, ou por destilação metódica, também dita sistemática.

7.2. Destilação simples

Teoricamente, destilação simples pode ser explicada como a geração de vapores de um sólido ou de um líquido por aquecimento, e seu recolhimento sob forma líquida após condensação, sem retorno de qualquer fração ao corpo gerador dos vapores. A Figura 7.1 procura representar graficamente a definição.

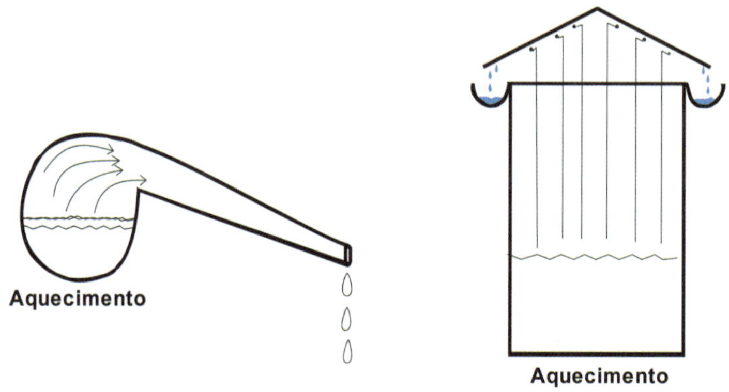

Figura 7.1. Exemplos simplistas de dispositivos para destilação simples de um líquido sem retorno do condensado ao líquido gerador

Em se tratando da obtenção de aguardente de cana, é a forma clássica de destilação pela qual são obtidos os flegmas ou aguardentes em diferentes regiões do país. Comumente é feita em alambiques de um só corpo.

Usando uma mistura constituída de apenas álcool e água, os vapores são mais ricos em álcool do que a mistura original que empobrece de álcool à medida que a destilação avança.

O vinho é uma mistura mais complexa, porém a destilação ocorre com a mistura de apenas álcool e água.

Na prática industrial, para facilitar a compreensão e de forma simplista, é usual definir destilação simples como a levada a efeito em alambique de um só corpo. Todavia a destilação em alambique de um corpo merece atenção especial porque também ocorre nos alambiques múltiplos e nos retificadores quando programados para operar como alambique simples.

Em uma mistura de água e álcool, esta é a parte mais volátil, mas não é separada como fração pura e sim como vapores hidroalcoólicos, mais ricos em álcool do que na mistura original, ou vinho, no caso.

Com destilações sucessivas, é possível atingir elevadas graduações alcoólica, porém, com esse procedimento, não é possível produzir álcool anidro.

O destilado é denominado flegma com percentagem de álcool variável. Quando é oriundo de vinho de cana e sua graduação alcoólica varia de 38 a 54% de álcool em volume, recebe a denominação específica de aguardente de cana.

Nos engenhos ou destilarias que fazem pinga em alambiques não se pratica destilação simples como na definição, porque internamente ocorrem emissão de vapores, condensações parciais, retrogradações e redistilações concomitantes, como sugere a Figura 7.2 até que os vapores alcancem a alonga e saiam para o exterior.

Ao ser aquecido, o vinho emite vapores que passam ao capitel, onde, por falta de isolamento térmico, parte condensa e retorna na forma líquida ao líquido inicial; escorre pelas paredes por efeito do que se denomina deflegmação, ou retrogradaçao, mais rico em álcool.

A parcela não condensada prossegue sua marcha, entra na alonga, condensa por resfriamento ao ar e segue pela serpentina de refrigeração onde se completa a condensação e resfria à temperatura do ambiente.

Nos alambiques, o flegma é obtido com concentração variável, porém, são construídos de tal forma que neles se obtém, em uma única operação, um destilado com teor aproximado de 50% de álcool em volume.

Os vapores emitidos inicialmente apresentam um teor alcoólico máximo que decresce, à medida que o álcool vai sendo eliminado do vinho.

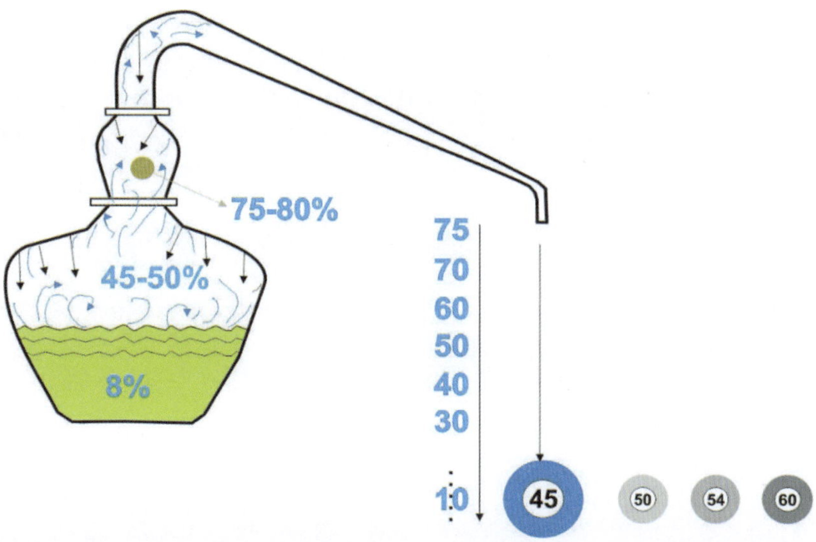

Figura 7.2 Representação esquemática da destilação no interior do alambique

Nos alambiques industriais simples, o primeiro destilado encerra de 56 a 65% de álcool em volume e decresce em seguida. Como a aguardente deve apresentar teor ao redor de 50% de álcool em volume (38 a 54%), o controle da destilação é feito na mistura dos destilados, na caixa de recepção. Quando a concentração desejada é atingida, a operação é interrompida pelo corte do aquecimento do vinho.

Embora se considere a destilação finalizada, quando a aguardente atinge 50% de álcool em volume, o líquido da caldeira ainda contém certa quantidade de álcool, que não deve ser perdido. Por isso, é usual continuar a destilar separadamente até que o destilado acuse graus alcoométricos que representem quantidade de álcool com valor de recuperação compensador.

Esse destilado final, ou água fraca, é pobre em álcool e rico em componentes secundários. Cabe ao fabricante avaliar se compensa o valor do volume de álcool a maia, contra os custos da prorrogação da destilação e o risco de piorar a qualidade de seu produto.

O resíduo da destilação é a vinhaça, vinhoto ou restilo, entre outras denominações.

Nas destilarias de aguardente que usam o sistema de retenção de pés nas dornas, normalmente o vinho é destilado duas a três horas depois de terminada a fermentação, para haver uma boa sedimentação das leveduras.

Maior demora acarreta em queda de rendimento, produto de má qualidade e fermentações subsequentes mais demoradas, comumente seguidas da formação de outros produtos, denominados de secundários.

Esse é um motivo para definir bem o volume das dornas em relação ao volume de carga do alambique.

A destilação deve ser a mais lenta possível, dentro de limites econômicos, para se obter altos rendimentos e boas aguardentes. Os alambiques aquecidos a fogo não pode receber calor exagerado; por isso a destilação é lenta. Os destilados têm melhor aroma e o gosto é mais fino.

Para igual volume de vinho, a destilação lenta é mais demorada, o aquecimento é mais demorado e cai o número de cargas destiladas por dia, além de a capacidade da instalação ser reduzida, porém o produto é mais fino em qualidade. Nos alambiques de barro ela é muito lenta, pois o aquecimento forte pode trincar o aparelho.

Para aumentar a capacidade das destilarias, diminuir as perdas de álcool e reduzir o consumo de combustível, foram inventados os alambiques múltiplos (Figura 7.3).

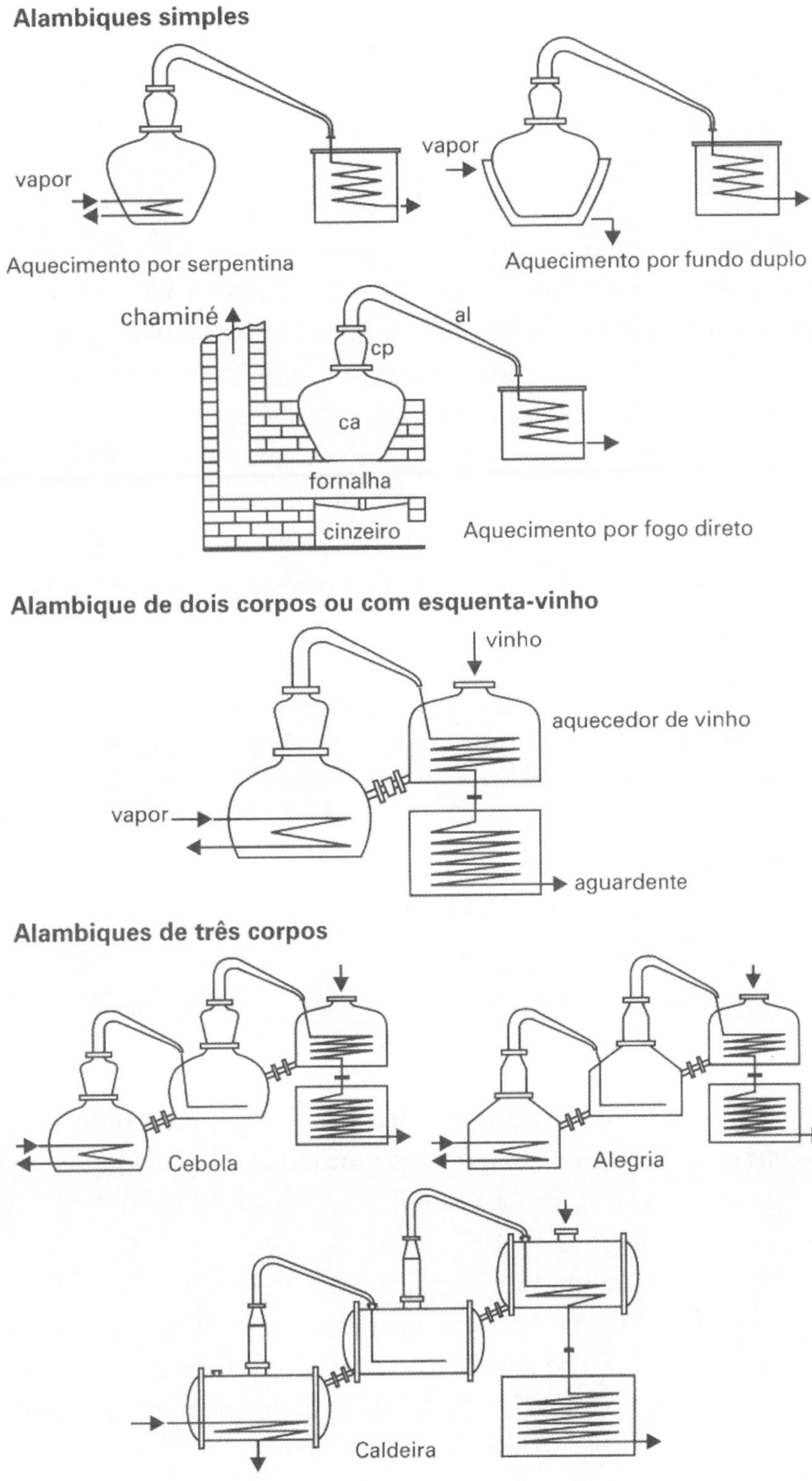

Figura 7.3 Esquema de alambiques múltiplos (original do autor)

7.3. Destilação sistemática ou metódica

A destilação metódica é aplicada para a obtenção de destilados de alta concentração de álcool em uma única operação. O vinho é destilado de maneira descontínua em alambiques retificadores, ou de forma contínua em colunas de destilação.

Por descrição rústica, a destilação sistemática (ou metódica) se explica como uma carga de vinho que é aquecida, produz vapor que é passado (destilado) para dentro de outra carga do mesmo vinho, aquece-o, provoca sua fervura e gera outro destilado, mais rico em álcool e assim sucessivamente, até um último recipiente, que contém o destilado mais rico em álcool de todos. A imaginação de que cada recipiente é uma caixa cilíndrica, e que cada uma está sobreposta a outra, constrói uma coluna de destilação contínua com injeção de vapor pela base.

Os alambiques retificadores (Figura 7.6) trabalham de forma descontínua, mas obedecem ao projeto de destilação sistemática. São apropriados para a produção do destilado alcoólico simples em uma única operação. A legislação prevê este produto de concentração alcoólica de mais de 54% até 70%, permitido para fabricar aguardente. É um flegma de elevada graduação alcoólica. No alambique retificador pode alcançar concentração alcoólica ao redor de 90% em única operação.

As colunas de destilação (Figura 7.7 e 7.8), de trabalho contínuo, são usadas para a produção de aguardente de cana; não são comumente usadas em pequenas destilarias, mas são perfeitas para o empreendimento. Há exemplo de destilarias com produção de mil litros diários de cachaça.

7.4. Tipo de alambiques

Os alambiques se enquadram em alambiques simples e alambiques retificadores.

7.4.1. Alambiques simples ou de um corpo

Os alambiques definidos como simples são os que possuem apenas uma caldeira destilatória. Quando são construídos com dois ou três corpos são denominados de alambiques múltiplos. São aquecidos a fogo direto ou a vapor e confeccionados com chapas de cobre ou de aço inoxidável com diversos formatos, de acordo com o fabricante. (Figura 7.3).

Conforme foi explicado, são alambiques simples, mas neles não ocorre destilação simples.

De acordo com a forma dos corpos os alambiques recebem denominação de Alegria (nome do fabricante), de cebola ou caldeira. O tipo cebola que aparenta a forma do bulbo, o Alegria é construído com corpo cilíndrico de paredes verticais e o tipo caldeira, de corpo cilíndrico horizontal, fechado com tampas boleadas, como nas caldeiras de produção de vapor.

Os do tipo cebola são feitos de cobre, porque o metal é maleável e permite ser batido e obter a forma característica.

Os demais podem ser feitos de chapa de cobre ou de aço inoxidável.

O alambique de um só corpo (Figura 1.4, Capítulo 1) é conhecido como alambique simples e consta de um recipiente denominado de caldeira ou cucúrbita (ca), encimada por outro corpo semelhante e de menor volume. A caldeira é provida de porta de carga, torneira de prova, válvula de segurança, registro e canalização de descarga, aquecida a vapor por fundo duplo ou por serpentina, e a fogo direto. O corpo que encima a caldeira é o capitel, capelo, capacete, domo, cúpula ou elmo (cp), de onde sai um tubo recurvado para baixo, denominado alonga (al), pescoço de cisne, tubo de condensação ou bico, que liga o capitel ao resfriador, constituído de uma serpentina mergulhada numa caixa que contém água corrente fria.

Um alambique simples de um só corpo, qualquer que seja o seu tipo ou a sua forma funciona como segue:

1. A caldeira é carregada com o vinho a destilar, até dois terços de sua capacidade e, a seguir, a porta de carga e o respiro são fechados;
2. A água é admitida na caixa de resfriamento e mantida em circulação, de baixo para cima;
3. O aquecimento a fogo ou a vapor é iniciado e mantido bem lentamente, até o vinho entrar em ebulição, para evitar que o alambique vomite;
4. O fogo ou a admissão de vapor são aumentados, para colocar o aparelho em regime, lembrando que, quanto mais lenta for a destilação, maior será o rendimento e melhor o produto obtido;
5. Pela ebulição os vapores de e água e álcool alcançam o capelo, atravessam-no e passam para o resfriador através da alonga;
6. Os vapores destilados condensam parcialmente na alonga, e completamente na serpentina de refrigeração, onde também resfriam à temperatura da água de refrigeração e saem, caindo na caixa de recepção, como líquido destilado frio;
7. O primeiro álcool que destila acusa a mais alta concentração, é rico em aldeídos e ésteres, não tem bom aroma e sabor e é denominado de álcool, ou aguardente de cabeça;
8. Após alguns minutos, começa a destilar por mais tempo um líquido com melhor aroma e sabor e graduação alcoólica gradualmente decrescente, que recebe a denominação de produto de coração;
9. Em seguida começam a passar os produtos de cauda, de menor graduação ainda, de pior odor e sabor;
10. As três frações são recebidas em fluxo contínuo na caixa de recepção até que o destilado total acuse concentração de 38 a 54% de álcool em volume;
11. Todo o destilado é enviado para o reservatório de aguardente;
12. A destilação é continuada para recolher, em separado, o restante do álcool do vinho, como produto de cauda, denominado de água fraca. Cabe ao fabricante decidir sobre sua prática depois de avaliar sua conveniência ou não;

13. Terminada a destilação, o aquecimento é interrompido retirando o fogo ou cortando o vapor, tendo o cuidado de, antes disso, abrir o respiro do aparelho. Depois a vinhaça é descarregada;
14. Se o aquecimento é a vapor, a vinhaça é totalmente descarregada, mas se for a fogo, deve ser mantido um pouco dela na caldeira para recobrir o fundo e evitar que o calor da fornalha queime a chapa do fundo e dê origem a compostos pirogenados, de mau gosto;
15. A água fraca é adicionada a uma nova carga de vinho ou é armazenada até perfazer o volume de uma carga do alambique, para ser destilada.

Algumas fábricas, com a finalidade de melhorar a qualidade da aguardente, usam separar, logo no início da destilação, um volume do destilado correspondente a 10% do total que se espera obter, denominado de cabeça. Depois recolhem mais 80% correspondente ao denominado destilado de coração e separam os últimos 10%, com a denominação de cauda. Na realidade, os 10% de cauda podem ser separados com a água fraca, aproveitando como aguardente apenas 80% dos produtos de coração.

Os produtos de cabeça e cauda são reunidos para serem adicionados a cada nova carga de vinho a destilar, são armazenados e destilados quando houver volume para uma carga do aparelho ou são armazenados para venda a outras destilarias.

As maiores desvantagens do alambique de um só corpo residem na perda de tempo, no maior gasto de combustível e na menor capacidade de produção. Entretanto, eles podem levar à produção de produtos de boa qualidade, porque exigem um trabalho de destilação mais cuidadoso e lento, ou porque permitem fácil separação dos produtos de cabeça, de coração e de cauda.

7.4.2. Alambiques múltiplos

São os de dois e de três corpos (Figura 7.3):

Alambique de dois corpos

O alambique com aquecedor de vinho, esquenta-vinho ou de dois corpos, foi uma evolução na técnica das destilações simples (Figura 1.5, Capítulo 1). Ele permite economia de tempo, de combustível, de água, aumenta a capacidade de produção, mas não evita a separação de água fraca. A alonga que sai do capelo do corpo inferior termina numa serpentina no interior do segundo corpo e continua pela serpentina dentro do resfriador.

A serpentina mergulhada no segundo corpo serve para condensar o destilado, ao mesmo tempo que cede calor ao vinho. Este artifício permite, após a primeira destilação, encher a caldeira com vinho de 50°C a 75°C, o que economiza tempo e combustível nas destilações subsequentes.

Como o líquido que se encontra na caldeira está quente, ferve rapidamente e economiza tempo e combustível em todas as demais cargas.

Os dois corpos, um instalado em plano mais elevado, são ligados por uma canalização com registro de passagem rápida. São iguais em capacidade, mas podem ser de formas diferentes, embora seja esteticamente estranho. Em destilarias rudimentares, por medida de economia, é costume construir o aquecedor de vinho em alvenaria, e madeira, ou aproveitar caixas de outros materiais. Nesse caso, é comum o aquecedor de vinhos ser aberto, o que proporciona perda de álcool por evaporação, de intensidade variável, de acordo com o aquecimento do vinho nele contido.

Em instalações mais evoluídas, o aquecedor de vinho tem forma idêntica a do destilador e é construído do mesmo material. Fora pequenos detalhes, tudo o mais é igual aos alambiques de um só corpo. A diferença reside no pré-aquecimento.

Para produção de aguardente de cana, o funcionamento do alambique de dois corpos obedece ao seguinte esquema de marcha:

1. A água é admitida no resfriador, o registro de descarga é fechado e o de comunicação entre os dois corpos é mantido aberto, assim como o de quebra- vácuo;
2. O vinho é bombeado para o segundo corpo pela porta de carga e escorre para o primeiro pela comunicação até completar o volume de dois terços, quando é fechado o registro de comunicação;
3. O quebra-vácuo é fechado e o recalque de vinho continua até o volume máximo indicado pelo nível;
4. O aquecimento é iniciado e progride lentamente sem exagerar sua intensidade, para evitar ebulição violenta ou regurgitamento, e manter a destilação em regime lento, para garantir a obtenção de destilado de boa qualidade;
5. Observar a graduação alcoólica do destilado homogeneizado na caixa de recepção e, quando o alcoômetro acusar graduação próxima de 48-50% de álcool em volume, aceitar o fim da destilação, desligar o aquecimento e preparar para a descarga do alambique. A obtenção de água fraca depende de decisão do fabricante;
6. Antes de abrir o registro de descarregamento da vinhaça abrir o respiro (quebra-vácuo);
7. Para destilação subsequente, fechar o registro de descarga, manter o respiro aberto e abrir o registro de comunicação entre os dois corpos, deixar escoar o vinho pré-aquecido do segundo corpo até completar dois terços no primeiro corpo e fechar o registro de passagem entre os corpos;
8. Fechar o quebra-vácuo, recomeçar o aquecimento e reencher o segundo corpo com vinho. A destilação recomeça com dois importantes ganhos; de calor, representados pelo vinho quente no primeiro corpo e mistura já aquecida de parte do vinho pré-aquecido no segundo corpo, adicionado com vinho frio de recarga;
9. O ganho de calor obtido no uso de vinho pré-aquecido se reflete em economia de água, de combustível, de temo e em ganho de capital.
10. O aquecimento da caldeira é iniciado com pouco calor, até o vinho entrar em ebulição e depois continua com mais calor, sem exagero, pois é melhor que a destilação seja o mais lenta possível;

11. Os vapores hiddroalcoólicos produzidos pela ebulição do vinho da caldeira atingem o capelo, passam pela alonga e vão se condensar na serpentina mergulhada no vinho contido no esquenta vinho e o aquecem;
12. O destilado é resfriado na serpentina da caixa d'água e passa à caixa de prova até que o produto final tenha uma graduação alcoólica de 38 a 54%, momento que determina a interrupção da destilação;
13. A aguardente é enviada para seu depósito;
14. O respiro da caldeira é aberto, cortado o aquecimento fechando a admissão de vapor, ou abafando o fogo na fornalha e a vinhaça é descarregada;
15. Entretanto, se a água fraca vai ser obtida o aparelho continua como antes, a aguardente é separada e enviada a seu depósito;
16. Depois de descarregar a vinhaça abre-se o registro de passagem do vinho do segundo corpo para a caldeira. Uma vez cheia a caldeira, são fechados o registro de passagem e respiro da caldeira e iniciado o aquecimento. Ao mesmo tempo, é feito o enchimento do segundo corpo com novo vinho frio;
17. Em seguida, é feita nova destilação com repetição dos procedimentos já descritos.

Neste tipo de aparelho também pode ser separadas frações de cabeça (10%), de coração (80%) e de cauda (10%) em cada alambicada, como num aparelho de corpo único.

O critério de separação de fases do destilado, tal como enunciado, é comumente aplicado; é teórico e inaplicável corretamente, como se explica pelo exemplo que segue:

1. A cabeça da destilação (ou cabeças) é constituída de produtos voláteis de temperatura de ebulição inferior ao do etanol. De acordo com a bibliografia, despontam na destilação como gases incondensáveis à temperatura da operação, portanto, de difícil mensuração de sua quantidade. A isso, se soma o desconhecimento de sua identidade na prática industrial (sua identificação é possível em laboratório). Esses produtos ocorrem nos vinhos em dosagens variáveis entre os vinhos, devido aos fenômenos que ocorrem em cada fermentação, sujeita à matéria-prima, preparo dos mostos e à destilação.

Por outra argumentação, no que se fixe um produto para considerar de cabeça, não há como saber quanto de cabeça a destilação produzirá.

Acrescente-se ao raciocínio a dificuldade de previamente saber como separar as percentagens 10-80-10 de um volume de aguardente que ainda não foi obtido dentro da escala legal de 38 a 54% em volume.

Daí ser errôneo estabelecer qualidade pelo critério de percentagens de frações cabeça, coração e cauda.

Cabe ao fabricante a opção que lhe pareça mais vantajosa.

Alambiques de três corpos

O uso do alambique com aquecedor de vinho (dois corpos) não elimina a prática da separação da água-fraca. Para melhorar a técnica de destilação e seu desempenho, foi introduzido um terceiro corpo no alambique simples, que contribui para reduzir a mão-de-obra, economizar água, aumentar a capacidade das destilarias e torna inútil a separação de fases.

Este tipo de alambique foi muito usado no Estado de São Paulo para equipar destilarias com capacidade de produzir até 10.000 litros diários de aguardente.

Constituição

O aparelho consta de três corpos, ou caldeiras, colocados em alturas diferentes, chamados de primeiro, segundo e terceiro corpo (Figura 7.4).

O primeiro deles, denominado caldeira, colocado em nível inferior, é aquecido a fogo direto ou vapor (a), responsável pelo fornecimento de calor para operar a destilação. Os alambiques a fogo direto não ultrapassavam a capacidade de 2.500 litros de carga.

A caldeira possui um registro de saída (b), um registro de estabilização de pressão ou quebra-vácuo (c), um nível de vidro (d), um registro de comunicação com o segundo corpo (e), um capitel (f) e uma alonga (g) que termina em um tubo perfurado (h) dentro do segundo corpo.

O segundo, denominado destilador, é semelhante ao primeiro, comunica-se com o terceiro corpo por um registro (i), e sua alonga termina em uma serpentina (j) dentro do terceiro corpo.

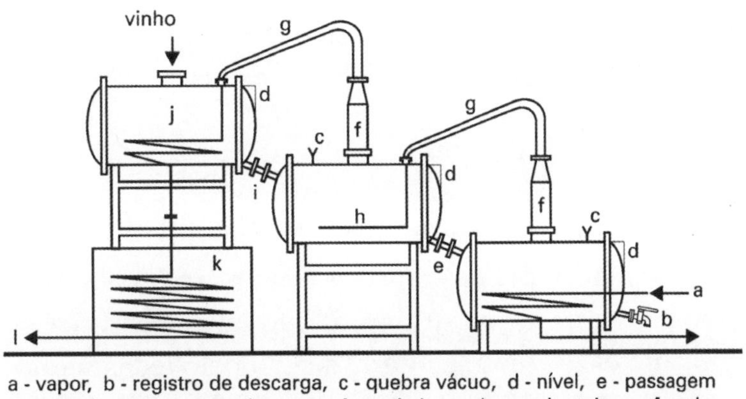

a - vapor, b - registro de descarga, c - quebra vácuo, d - nível, e - passagem do primeiro para o segundo corpo, f - capitel, g - alonga, h - tubo perfurado, i - registro de passagem do segundo para o terceiro corpo, j - serpentina de condensação, k - serpentina de refrigeração, l - aguardente.

Figura 7.4. Esquema de alambique de três corpos (original do autor)

O terceiro corpo é um pré-aquecedor de vinho; é uma caldeira semelhante às outras duas, porém desprovida de quebra-vácuo, capitel e alonga. Possui uma porta de alimentação aberta. Em seu interior está contida a serpentina de condensação, que termina na serpentina de refrigeração (k), localizada na caixa de refrigeração provida de circulação de água fria.

Carga e marcha do alambique de três corpos

A operação se desenvolve de acordo com o esquema da Figura 7.2.5 representada a seguir.

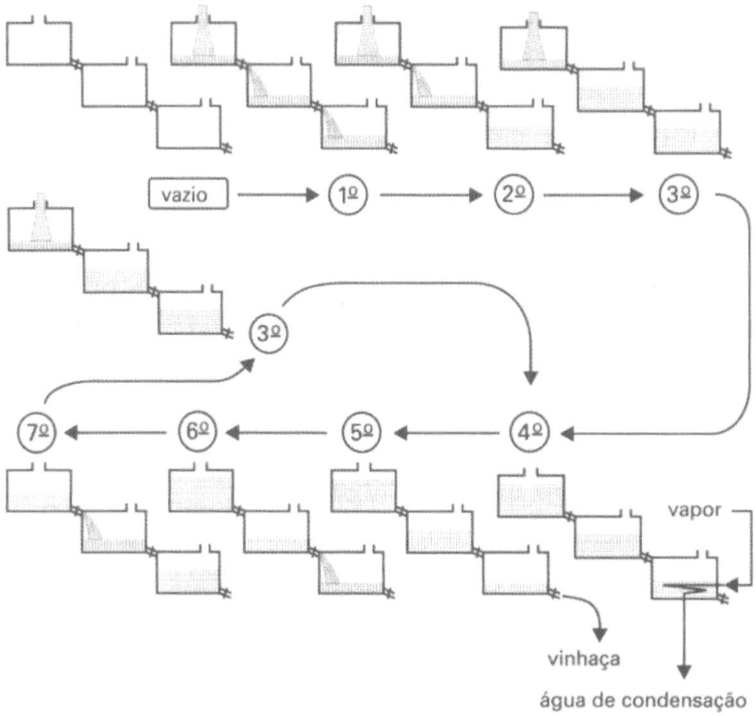

Figura 7.5. Esquema de carga e marcha do alambique de três corpos (original do autor, 1962)

Funcionamento

O primeiro passo é fechar o registro de saída da primeira caldeira do alambique vazio e verificar se os quebra-vácuos estão abertos. A seguir é feita a carga do alambique pelo terceiro corpo, por bombeamento do mosto fermentado, proveniente de uma dorna, volante ou não. Ele é introduzido na terceira caldeira, escorre para a primeira através da segunda caldeira. Quando o nível da primeira caldeira acusar meia carga, o fluxo de vinho é interrompido pelo fechamento do registro entre as duas caldeiras. O carregamento continua até que ocupe dois terços do volume do segundo recipiente. Então, o registro de passagem do vinho é fechado e a terceira caldeira continua a receber vinho até encher. O enchimento é controlado por um nível para não encher até a borda da porta de carga. A terceira caldeira vai funcionar como condensador e pré-aquecedor do mosto fermentado. Se não obedecer ao nível de controle, o mosto dilatará e transbordará como líquido ou espumas.

Depois de encher o alambique são fechadas todas as válvulas que têm comunicação com o exterior; é aberta a água de refrigeração do aparelho e iniciado o aquecimento (a fogo, circulação de óleo ou injeção de vapor).

À medida que o vinho é aquecido são gerados vapores alcoólicos que passam ao segundo corpo através do capitel e alonga e borbulha no vinho ali existente, por um tubo perfurado em continuação da alonga. Os vapores dissolvem no vinho, aumentam seu teor alcoólico e o aquecem à ebulição que gera novos vapores. Estes seguem para o terceiro corpo através do capitel e alonga, diretamente para uma serpentina imersa no vinho contido no terceiro corpo. Aí condensam, transferem calor para o vinho e continuam para a refrigeração, para a caixa de recepção da aguardente e armazenamento.

A operação das destilações aumenta o aquecimento do vinho, gera os vapores de flegma que passam à segunda caldeira. Borbulham no vinho da segunda caldeira e o enriquecem com o álcool do flegma do primeiro corpo. Ao mesmo tempo o aquecem à ebulição e geram novos vapores mais ricos em álcool.

À proporção que o borbulhamento prossegue, a temperatura do líquido sobe até atingir o seu ponto de ebulição, que é mais baixo no segundo corpo em virtude do seu teor em álcool ser mais elevado. Do segundo corpo o álcool destila, condensa-se no terceiro e vai refrigerar na serpentina da caixa d'água.

A concentração alcoólica do primeiro jato de destilado é mais ou menos elevada, segundo a riqueza do vinho.

À medida que a destilação prossegue, o teor em álcool decresce, do mesmo modo que nos alambiques simples. Quando o flegma da caixa de recepção contiver 50% de álcool em volume, a destilação é interrompida pelo desligamento do vapor ou retirando o fogo e procedendo à descarga da caldeira do alambique.

Abre-se o quebra-vácuo do primeiro corpo e depois o registro de descarga (b). Fecha-se (b) após o descarregamento, abre-se o quebra-vácuo do segundo corpo, o registro de passagem e o quebra-vácuo do primeiro corpo e abre-se ligeiramente o registro de vapor a, ou inicia-se um pequeno aquecimento. Enquanto isso, abre-se a passagem do terceiro para o segundo e deixa-se encher até o volume recomendado. Fecha-se a passagem e o quebra-vácuo e continua-se recalcando vinho para o terceiro corpo até quase enchê-lo.

Recomeça um novo ciclo; desta destilação em diante o rendimento em aguardente é, aproximadamente, a metade da primeira e a vinhaça sai isenta de álcool. Na primeira destilação, a aguardente é proveniente da carga dos dois corpos inferiores, caldeira e destilador, e da segunda destilação em diante provém apenas do segundo corpo.

Não se separa água-fraca nos alambiques de 3 corpos, ao contrário dos alambiques de um só corpo, onde há obrigatoriedade desta operação. A separação de água fraca nesse tipo de alambique, além de desnecessária, é antieconômica. Na última alambicada do dia, a retirada de água fraca pode ser feita, mas a quantidade de álcool a recuperar é pequena e, possivelmente, seu volume obtido não compense financeiramente o tempo de destilação a mais e o gasto adicional de combustível. Nas destilações que antecedem a última, a água fraca passa do primeiro corpo para o segundo. O vinho desalcoolizado do primeiro corpo passa a ser um gerador de vapor d'água para aquecimento.

7.4.3. Alambiques retificadores

Os alambiques retificadores são constituídos de uma caldeira sobreposta de dispositivo que concentra os vapores gerados pelo aquecimento de um mosto fermentado contido no recipiente. O dispositivo pode ser uma bola, uma lentilha, um sistema de resfriamento, um tronco de concentração cheio de guarnições ou provido de bandejas com calotas, como as das colunas de destilação. É praticamente um tronco de retificação.

Os aparelhos retificadores são raramente usados para vinhos de cana e, comumente, são empregados para produção de aguardente de frutas, com possibilidade de obter destilado álcoolico com mais de 90% de álcool em volume (Figura 7.6) em única operação. Essa característica faz com que os alambiques retificadores sejam adequados para a obtenção de destilado alcoólico simples (com mais de 54% até 70% de álcool em volume), que a legislação aprova para a fabricação de aguardente.

Por experiência pessoal, a retificação ocorre usualmente após ações de retrogradação; sem exercitá-las, o aparelho funciona como alambique simples, embora provido de bandejas com calotas.

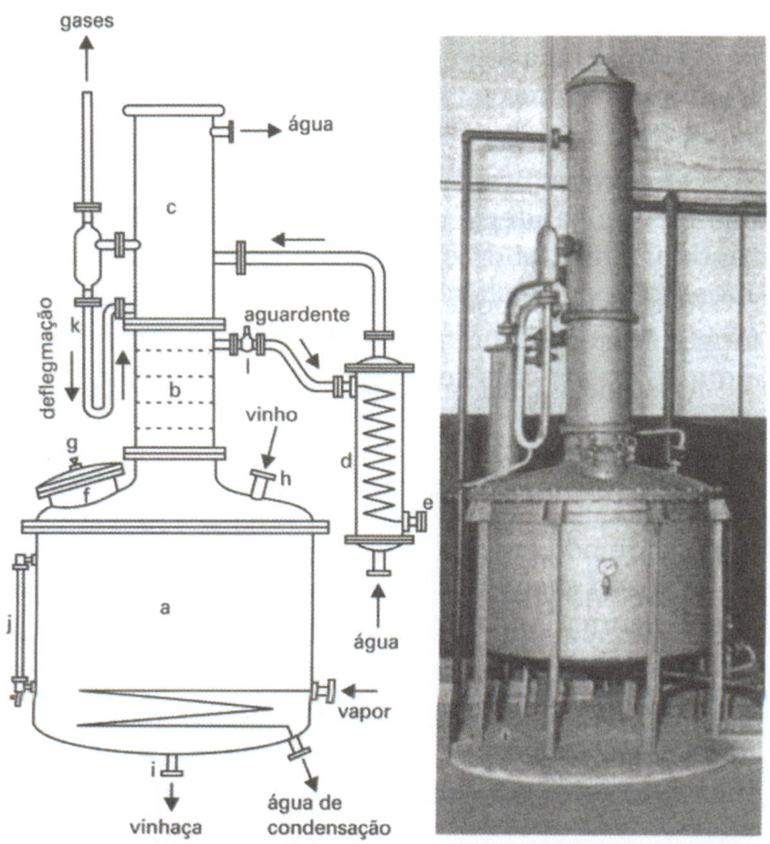

Figura 7.6. Alambique retificador: esquema e foto (original do autor, 1963, destilaria piloto Professor Juvenal Mendes de Godoy – ESALQ/USP – Desativada)

Nos alambiques retificadores de pequena capacidade, geralmente usados para destilar vinhos de frutas não coados, a caldeira pode ser dotada de movimento basculante para facilitar o descarregamento. Para atender a essa finalidade, a tampa da caldeira pode ser provida de agitador manual ou mecânico, para movimentar os mostos espessos e facilitar sua fervura e a destilação.

O aparelho representado na Figura 7.6 consta de: caldeira (a), tronco de retificação (b), condensador (c) e resfriador (d). A aguardente é recolhida na proveta (e).

A caldeira pode ser aquecida por serpentina de vapor, fundo duplo ou a fogo direto. Possui uma porta de visita (f), um quebra-vácuo (g), um registro de alimentação e um (h) de descarga (i).

O tronco retificador pode ser de guarnições de enchimento, de bandejas perfuradas superpostas, ou de bandejas providas de calotas.

As guarnições podem ser de diversos materiais e têm e formas variáveis. Os troncos de retificação providos de guarnições de bandejas perfurada apresentam o inconveniente de se descarregarem quando cessa o aquecimento na caldeira. Ao contrário, as bandejas com calotas e sifões permanecem cheias, o que facilita a continuidade de destilações consecutivas. São os mais comuns.

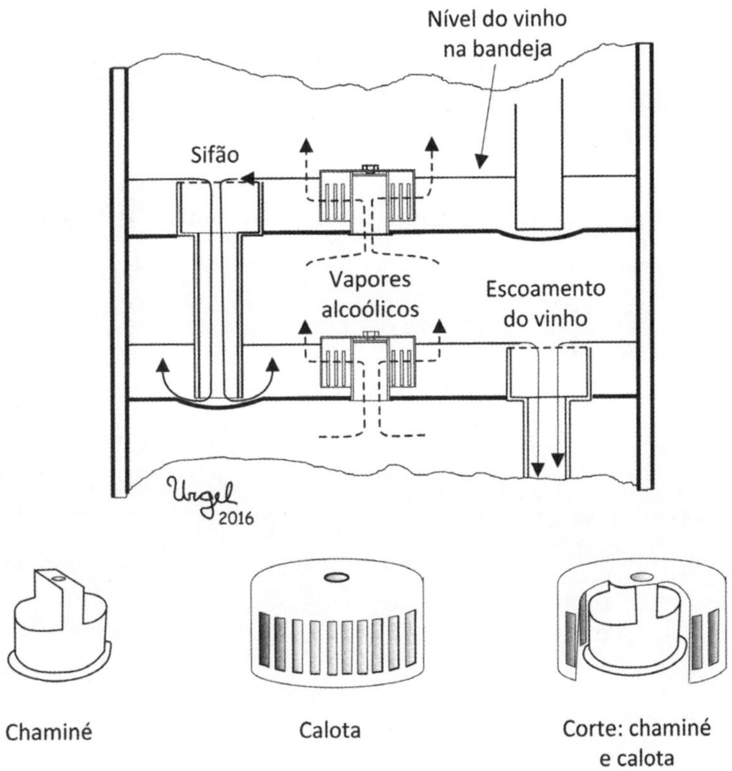

Figura 7.7. Corte de um gomo de coluna de destilação (original do autor)

A Figura 7.7 representa o corte de um gomo de tronco de destilação ou retificação com destaque para as calotas e sifões e, destes, a disposição alternada. As calotas constam de uma base e da calota propriamente dita. A base é feita de um pequeno segmento de tubo, denominado chaminé, com uma extremidade presa perpendicularmente em uma perfuração da bandeja. Na outra extremidade, em que há um corte transversal como um desaguadouro, onde é presa a calota com a boca voltada para a superfície da bandeja, sem tocá-la. Os sifões constam de um tubo que atravessa a bandeja e vai até quase tocar a bandeja inferior. Sua extremidade superior é ligeiramente mais alta é que as bordas inferiores das calotas, para formar uma junta hidráulica quando a bandeja está cheia; sua extremidade inferior se abre na bandeja inferior, numa pequena depressão.

Funcionamento: o vinho é introduzido na caldeira com o registro de descarga fechado e o quebra-vácuo aberto, até um volume indicado pelo nível "J" (Figura 7.4).

A circulação de água é aberta no condensador e no resfriador e fechados o registro de carga do vinho, o quebra-vácuo e o Registro 1 de vazão da aguardente. O vapor é admitido na serpentina de aquecimento da caldeira. Em uma determinada temperatura os vapores do vinho começam a se elevar na coluna através das chaminés das calotas e uma parte pelos sifões. Ao encontrar uma superfície mais fria os vapores, condensam nas diversas bandejas, enchem-nas e formam junta hidráulica com os sifões.

À medida que se processa o enchimento, os vapores não passam mais pelos sifões, mas tão somente pelas calotas, borbulhando no líquido condensado das bandejas. O excesso de condensado volta às bandejas inferiores e à caldeira pelos sifões.

O constante borbulhamento provoca um enriquecimento maior à medida que se eleva na coluna. Do topo desta, os vapores passam a um condensador-deflegmador que resfria e faz voltar um condensado rico em álcool, por um sifão k. Da última bandeja, sai a canalização que comunica o retificador com o resfriador através do Registro 1, regulador de vazão. Abrindo-se o Registro 1, o flegma passa para o resfriador e daí para a proveta.

A concentração alcoólica do flegma dependerá da regulagem de 1 e da rapidez da destilação. À medida que se esgota o vinho, cai a concentração alcoólica. Fechando-se o regulador, faz-se mais deflegmação e o teor alcoólico sobe outra vez. Quando não se consegue mais elevar o teor alcoólico, continua-se a destilação apenas para acertar o grau da aguardente com os destilados cada vez mais fracos.

Atingindo-se a graduação desejada, fecha-se o vapor, abre-se o quebra-vácuo e o registro de descarga. A vinhaça que deixa o aparelho não deve acusar álcool.

7.5. Colunas de destilação contínua

A destilação contínua constitui a parte mais importante da destilação metódica. Sua base mais simples reside nos alambiques múltiplos e sua fase intermediária nos alambiques retificadores. Com a destilação contínua foi possível aumentar consideravelmente o rendimento e a capacidade das destilarias.

O princípio da destilação contínua é o da extração vapor-líquido em contracorrente, feito em aparelhos conhecidos como colunas. Estas são constituídas de um cilindro vertical formado de gomos (Figura 7.7) que possuem discos perfurados denominados como bandejas, ou pratos, dispostos transversalmente e em cujos furos são fixados as calotas e sifões, de forma, número e disposição variável de acordo com os fabricantes (Figura 7.8). Pelas calotas sobem os vapores alcoólicos e pelos sifões desce o vinho. O vinho caminha de cima para baixo e os vapores alcoólicos de baixo para cima.

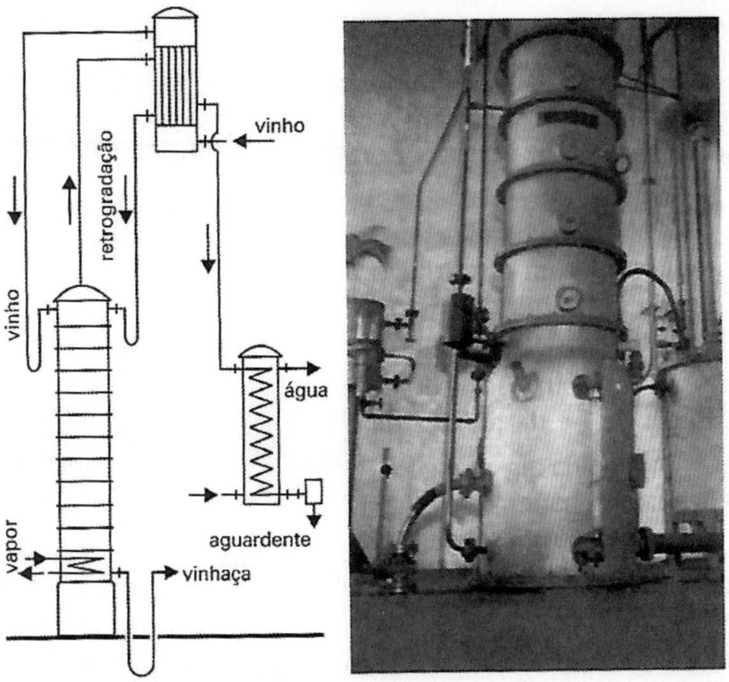

Figura 7.8. Esquema de coluna de destilação para aguardente e foto (original do autor, 1962, destilaria piloto Professor Juvenal Mendes de Godoy. ESALQ/USP -desativada)

O aquecimento é feito por vapor produzido em caldeiras, mas há possibilidade de ser feito a fogo direto, mesmo em coluna de madeira, se provida de uma caldeira metálica, para receber o calor do fogo.

Como foi dito, a destilação em colunas de destilação contínua deriva da operação em alambiques de caldeiras múltiplas. Para maior facilidade de compreensão, as bandejas superpostas funcionam cada uma como um alambique simples, uma destilando para dentro de outra imediatamente acima.

Descendo, o vinho é aquecido em contracorrente, pelos vapores alcoólicos gerados a partir da câmara de aquecimento da base. À medida que se encaminha para a base o vinho vai perdendo álcool, que sobe e vai se concentrando até alcançar a máxima graduação alcoólica na bandeja superior.

Na câmara de aquecimento, que recebe o vapor ou calor do fogo, e nas bandejas inferiores, só deverá existir vinhaça, isenta de álcool ou no máximo com 0,5% em volume. O aquecimento a vapor é feito sob pressão constante, conseguida por meio de reguladores especiais.

Numa coluna de destilação a temperatura de ebulição, aumenta de cima para baixo, enquanto a riqueza alcoólica aumenta em sentido inverso. Da base da coluna sai continuamente a vinhaça, constituída principalmente pela água e substâncias fixas do vinho, enquanto da parte mais alta da coluna sai o álcool, também continuamente, que é condensado, resfriado e separado.

Em cada gomo de destilação há janelas (lunetas) que permitem a sua limpeza. A condensação do destilado faz-se em condensadores tubulares e a refrigeração em resfriadores de serpentina. As colunas geralmente são usadas em destilarias de grandes capacidades e dividem-se em duas categorias: alto e baixo grau.

As colunas de alto grau, que permitem atingir concentrações de 95-96% de álcool em volume, partindo diretamente de vinhos, não são recomendadas para fabricar aguardente, porque remove muito dos componentes secundários, responsáveis pelo buquê da bebida. O produto é muito ardente, seco, com sabor típico de álcool, dando impressão de uma aguardente resultante do desdobro, ou seja, diluição de álcool com água.

As de baixo grau produzem flegma de 45-60% de álcool em volume, diretamente de vinhos de 7-12%, e são recomendadas para produzir aguardente. As usadas nas fábricas de aguardente, em geral, têm apenas um ou dois pratos de concentração no topo, para garantir a concentração adequada ao destilado.

Nas colunas para aguardente de diversos tipos e desenhos, o vinho é recalcado para o tanque de alimentação e, deste, alcança a coluna através de uma caixa de nível constante.

Para colocar a coluna em funcionamento, verifica-se se a caixa de vinho está cheia, abre-se a circulação de água de refrigeração, carrega-se a coluna até um nível adequado e fecha-se o registro de alimentação. Solta-se o vapor lentamente, para aquecer a coluna. Quando o termômetro do topo acusar a temperatura de 90°C, abre-se cuidadosamente a alimentação da coluna. O vinho dirige-se para a base e, à medida que desce, vai se desalcoolizando, pois o álcool é arrastado para o alto, enriquecendo de maneira crescente os condensados dentro das bandejas, da primeira à última. A vinhaça deve correr esgotada de álcool na base ou contendo um máximo de 0,5% de álcool em volume.

Do topo da coluna de desalcoolização, os vapores vão ter ao condensador, de onde uma pequena parte condensa e volta à coluna, como deflegmação. A maior parte segue para o condensador resfriador, onde se completa a sua condensação, resfria e deixa o aparelho pela proveta, como aguardente. A Figura 7.10 representa um esquema da coluna de baixo-grau, sem nenhum prato de concentração.

7.6 Curiosidades no âmbito da destilação

Na década de 1950, no Estado de São Paulo, com destaque na região de Piracicaba, ocorreram alguns fatos que contribuíram para o desenvolvimento, modernização e tecnificação das indústrias fabricantes de equipamentos para destilarias de álcool e de aguardente.

7.6.1 Aguardente de coluna

A região protagonizava a existência de um número desconhecido de engenhos de pinga, abrigava formidáveis artistas da chapa de cobre, que com batidas de martelo confeccionavam alambiques no melhor estilo zíngaro. No entanto, rivalizavam concorrência com os artífices porque faziam alambiques muito grandes de até 500 litros, por exemplo.

Após o fim da Segunda Guerra Mundial iniciou na região um surto de aumento de consumo da bebida e adveio a necessidade de ampliar os engenhos, dos alambiques aos edifícios, armazenamento e as áreas de canaviais. Os alambiques tiveram que ser maiores, mas havia um limite. Foram construídos aparelhos de três corpos com caldeiras de até 5.000 litros de capacidade (Figura 7.9) e houve destilarias com mais de dois desses gigantes trabalhando em paralelo, mas era preciso mais.

Figura 7.9. Alambique de cobre de 5.000 litros tipo Alegria. CODISTIL, década de 1950.
Foto cedida por Evanilda Perissinoto, filha de Américo Perissinoto (identificado na foto com o X), construtor do aparelho

O mais surgiu com a decisão de se obter aguardente com colunas de produção de álcool. A ideia de alguém (não identificado) foi bem recebida e colocada em prática. De início a nova tecnologia não foi um sucesso e a decepção ocorreu porque decaiu a qualidade da bebida, que foi amplamente recusada. A proposta não era inédita, pois aparelhos de destilação contínua são usados na Irlanda desde o século XIX. A engenharia resolveu o impasse. A coluna de destilação de álcool usada inicialmente depurava o destilado com a eliminação excessiva de componentes secundários que contribuem para o buquê. Exame cuidadoso mostrou que a coluna usada era de alto grau e retificava em parte a bebida. Em singela explicação, a alimentação do vinho na coluna passou a ser feito no meio da coluna e não no topo e sua transformação em coluna de baixo grau (Figura 7.10).

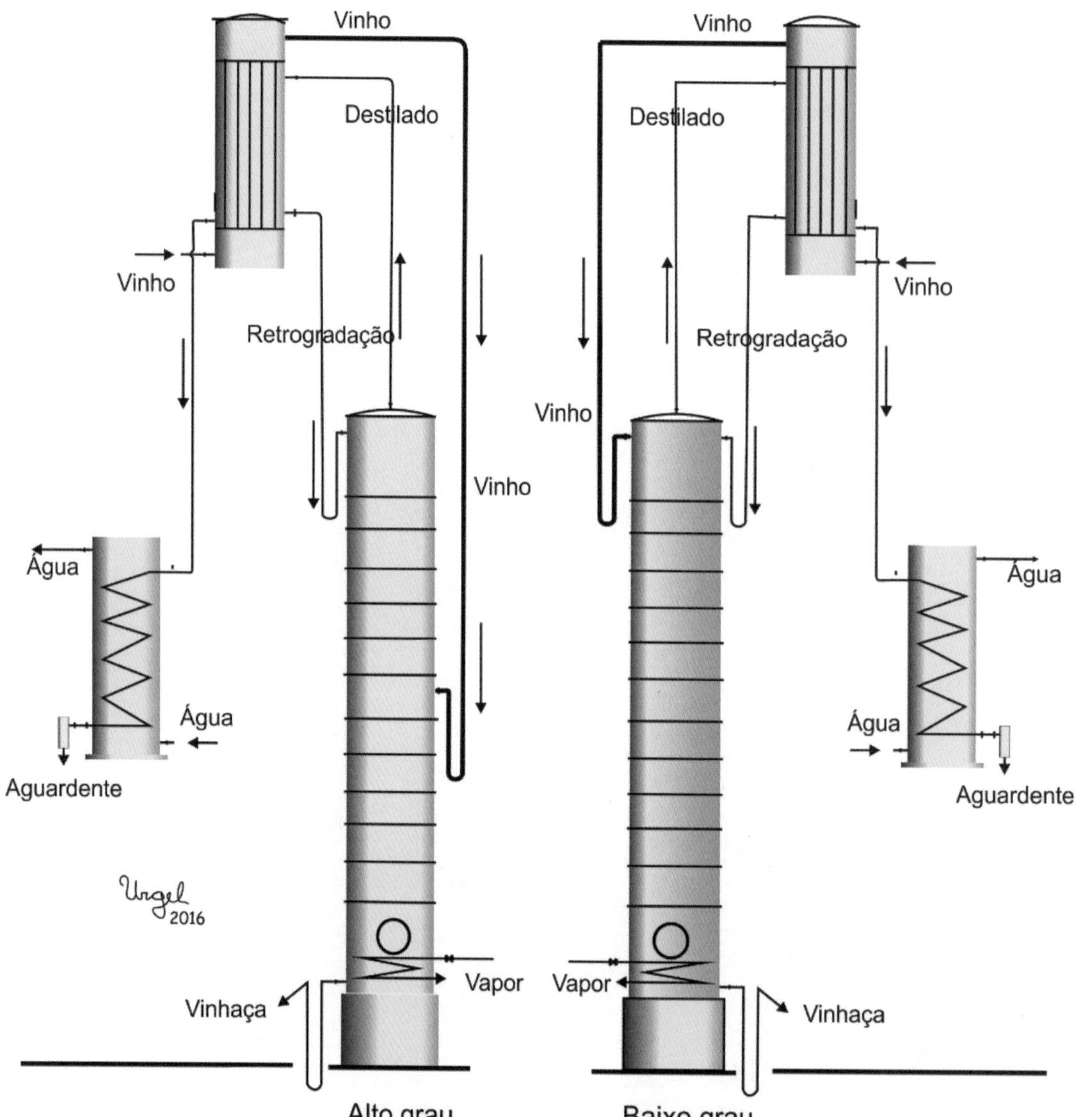

Figura 7.10. Esquemas de colunas de baixo e alto grau (original do autor)

Não há mais reclamação quanto à qualidade gustativa das aguardentes obtidas em aparelhos de destilação contínua.

Todavia, há consumidores que afirmam que a pinga de alambique têm melhor qualidade.

7.6.2. Construção de colunas de destilação

O outro fato curioso com relação a construção de colunas de destilação ocorreu com um produtor de álcool, e não de aguardente, e despertou atenção para a necessidade avançar na tecnificação para substituir a intuição e improvisação.

Um produtor de álcool encomendou novo aparelho para dobrar a sua capacidade destilatória. Para atender a demanda, o fabricante de equipamentos dobrou o diâmetro da coluna e de seus complementos. O resultado foi a fabricação de um aparelho de destilação com capacidade muito maior do que a encomendada.

Como conclusão, as falhas trouxeram alegria ao comprador, prejuízo para o fabricante e a consciência de que o suporte da Engenharia é fundamental.

Os fatos citados contribuíram para a modernização do setor, e as indústrias passaram a se apoiar na segurança da engenharia para fabricação de equipamentos. Essa constatação contribuiu para que os fabricantes de equipamentos passassem a buscar profissionais competentes para orientar técnica e cientificamente a construção de aparelhos ligados à indústria canavieira.

7.6.3. Alambique de aço inoxidável

Não foi encontrada referência sobre quando os alambiques começaram a ser construídos com aço inoxidável nem o porquê da decisão. O menor preço do aço deve ter tido influência dominante, mas a legislação sobre aguardente que trata da limitação da presença do metal na bebida provavelmente contribuiu para a decisão; o aço não transfere resíduos de cobre.

Seja por qual motivo tenha sido, um produtor de aguardente (não identificado) encomendou um alambique construído por inteiro com aço inoxidável; nada de cobre, nem em registros e outros complementos.

Depois de fazer destilação com o novo alambique, o fabricante de aguardente voltou ao construtor do alambique para reclamar que sua bebida tinha sido prejudicada pelo aparelho que produzia destilado com maus odores e se tornara invendável; predominava o cheiro de produtos de enxofre.

Não se pode imaginar o grau de raiva e de decepção do comprador, nem de constrangimento do construtor, ambos incapazes de entender e explicar o acontecimento.

Entretanto, o diagnóstico, conclusão e condenação vieram de imediato: *alambique de aço inoxidável é inviável porque produz bebida malcheirosa*, e fim. O problema não foi sanado, mas foi contornado; um técnico (não identificado, adaptou uma peça de cobre a saída do destilado e o mau odor foi eliminado. Aparentemente essa solução continua a ser adotada e a razão do mau odor parece não ter sido ainda aceita. Ela pode ser explicada cientificamente, como indica o experimento citado no item 7.6.4, a seguir.

7.6.4. Destilado em alambique de aço inoxidável

À época em que ocorreram os fatos narrados em 7.6.3, na década de 1970, o autor dispunha em seu laboratório, de um alambique de aço inoxidável tipo Esteves, com dois gomos separados por bandejas perfuradas, no topo do qual havia uma cabeça de condensação e refrigeração feita de aço inoxidável.

Foi encomendada uma réplica exata desse dispositivo, confeccionada em cobre. Esse equipamento iria permitir a execução alternada de destilação em aparelho de aço e de cobre.

Foram feitas fermentações de caldo de cana com o rigor recomendado pelo laboratório e destilações alternadas (cobre e aço) pela mudança do dispositivo de condensação-refrigeração.

Em todos ensaios de destilação levados a efeito, o resultado foi negativo para a ocorrência de maus aromas nos destilados. Novos ensaios de destilação foram executados com vinho adquirido em um engenho da região, que operava com sua técnica de rotina.

Por exame sensorial, especialmente olfativo, foi percebida diferença entre os produtos destilados em contato com chapas de cobre e de aço inoxidável. Os ensaios comprovaram que o cobre combinou, e retém os produtos mal odorantes e que o aço inoxidável não os fixou. Os ensaios mostraram que o aço não cria produtos de mau odor e que simplesmente os deixa passar dissolvidos no destilado.

O mau cheiro provém principalmente de compostos de enxofre, sulfetos e mercaptanas, voláteis, que se formam durante as fermentações, por falhas no controle microbiológico do processo fermentativo.

7.7. Rapidez da destilação

Para qualquer tipo de aparelho de destilação, compreendendo os diversos tipos de alambiques e colunas, as destilações lentas são muito mais favoráveis do ponto de vista da qualidade da aguardente e do rendimento.

É comum o produtor desrespeitar a capacidade nominal determinada pelo fabricante do aparelho de destilação e a forçar a produção, para obter mais destilado do que o indicado pelo fabricante. Para isso, aumenta o aquecimento e obtém mais destilado, mas aumenta o gasto de água para resfriar, gasta mais combustível e causa um desequilíbrio nas proporções de componentes secundários, que são responsáveis pela qualidade da bebida. A maior capacidade horária de destilação não corresponde a um aumento geral no rendimento da produção, pois com maior rapidez da destilação, há mais perda de álcool na vinhaça. A destilação lenta para produção de aguardente é conseguida com o aquecimento lento a partir do momento em que se inicia a operação; é contraindicado para o rendimento em destilado e para a qualidade, aquecer rapidamente até a temperatura de destilação e depois reduzir o aquecimento. O contrário é benéfico: aquecer menos de início e aumentar, gradativamente, até começar a destilar. Esse procedimento permite atingir o ponto de destilar e seguir, sem praticamente alterar o ritmo de fornecimento de calor. Para os aparelhos com reguladores de aquecimento, a regulagem deve ser feita de modo a conseguir obter o destilado sem necessidade de alterá-la após o início da destilação. Em aparelhos a fogo direto, a destilação lenta é conseguida com um mínimo de fogo; o aquecimento rápido leva frequentemente a regurgitação. Além do maior rendimento a destilação lenta melhora a qualidade do destilado; ela evita a formação de substâncias pirogenadas que dão maus gostos às aguardentes e coopera para a obtenção de um produto de buquê mais agradável.

Uma pesquisa que demandou várias safras de produção de aguardente foi realizada para estudar o assunto em pauta. Devido à complexidade do tema e sua natureza, a investigação não se limitou a observar a velocidade das destilações e incluiu assuntos correlatos pertinentes. Assim, foram feitas observações sobre fatores como influência do tipo de aparelho destilatório, natureza e composição dos vinhos, sua decantação antes da destilação, sua aciulação artificial prévia à destilação, influência da retrogradação na operação da destilação nos aparelhos que a permitem. Finalmente, a velocidade da destilação em si. Em fogo de lenha, alambique simples aquecido com fogo de bagaço de cana, alambique simples aquecido com vapor gerado em caldeira de baixa pressão,

O alambique retificador aquecido com vapor, alambique de três corpos aquecido a vapor e em coluna de destilação contínua aquecida a vapor. Essa coluna era coluna de desalcoolização de um aparelho de produção de álcool retificado.

A pesquisa foi longa e demandou os períodos de safra de 1956 a 1963 da destilaria piloto Professor Juvenal Mendes de Godoy, da USP/ESALQ (desativada).

Essa investigação que foi feita nas décadas de 1950 e 1960, direcionada ao estudo da rapidez da destilação e seu efeito sobre os componentes secundários da bebida, veio a ser muito útil nas duas primeiras décadas do século XXI. Nos últimos anos (data imprecisa) do século XX, um pesquisador (não identificado) detectou a presença de uma substância supostamente cancerígena, em amostras de aguardente de cana, em teores superiores a 150 microgramas por litro. A detecção causou grande ruído nos meios tecnológicos, especialmente entre os pesquisadores estudiosos de bebidas alcoólicas destiladas. Químicos, engenheiros químicos passaram a se dedicar a encontrar como se gera a substância. As indagações procuravam e\ou continuam a procurar os precursores na composição química da cana, até entre os que acusam a presença de traços entre os componentes ou entre os corretivos para mostos. Por outro ponto de vista, as informações bibliográficas destacaram a presença do carbamato de etila em bebidas destilada de larga produção, como uísque, no pão, no queijo, em proporções variáveis de um fabricante a outro. Não foi encontrada evidencia da formação do carbamato no mosto fermentado de caldo de cana, mas, por comunicações coloquiais, houve informação de que o teor de carbamato aumentou em destilados armazenados engarrafados. Uma hipótese sugeriu que o carbamato na aguardente de cana teria origem em grupamento ciânico da planta, mas não se confirmou sua presença na cana. Com outras matérias-primas é possível que a hipótese se confirme.

Como exemplo, um destilado de frutas original de país europeu acusou teor de carbamato de etila maior do que três mil microgramas por litro, muito mais elevado do que os 150 microgramasa aceitos para aguardente de cana e em uísques de boa procedência.

Rememorando a pesquisa sobre a influência da rapidez da destilação na qualidade da aguardente de cana, o autor repetiu-a com a colaboração de um pequeno produtor de aguardente e um abalizado pesquisador e verificou que a destilação lenta confirmou as conclusões da investigação levada a efeito de 1956 a 1963, e revelou que a destilação lenta propiciou a produção de cachaça com teor de carbamato de etila três vezes menor do que os usuais 150 microgramas admitidos pela legislação como máximo.

7.8. Limpeza e conservação dos alambiques

Os aparelhos podem ser de cobre ou de aço inoxidável. Os de cobre tendem a ser substituídos pelos de aço inoxidável que é mais barato. Os principais cuidados que se deve ter com os alambiques simples e retificadores são os seguintes:

1. Lavar semanalmente todas as partes do aparelho e manter o alambique completamente limpo internamente;
2. Conservar o conjunto permanentemente limpo por fora por fora, sem jogar água fria sobre os corpos aquecidos durante a destilação;
3. Semanalmente ferver por 15-30 minutos, uma solução de soda cáustica a 2% nos diferentes corpos; esgotar sempre que houver crostas internas e lavar com abundância de água limpa;
4. Semanalmente deve ser feita uma destilação com água limpa para remover crostas existentes;
5. Procurar eliminar todos os vazamentos existentes, interna e externamente, em qualquer parte do aparelho;
6. Na entressafra, após limpeza externa e interna, fazer reparos ou outro tipo de manutenção e depois manter e o equipamento abrigado ou fazer limpeza periódica.

Com a limpeza periódica garante-se a conservação da instalação por alguns anos. Os cuidados principais que se deve ter em mente numa fábrica de aguardente com alambiques são os seguintes:

1. Mantê-los sempre limpos para evitar arraste de sais de cobre com a aguardente, a carbonização e a pirogenação da matéria orgânica;
2. Não encher demasiadamente os corpos para evitar o arrastamento de vinho de um corpo para outro. Na linguagem prática, evitar que o alambique regurgite (vomite);
3. Iniciar o aquecimento lento, contínuo e cuidadosamente para evitar acidentes no corpo do alambique e arrastamento do vinho;

4. Destilar da forma mais lenta possível, porque o tempo despendido na destilação é compensado com a qualidade do produto destilado;
5. Garantir refrigeração eficiente no resfriador, para que a aguardente na caixa de recepção esteja o mais fria possível;
6. Corrigir a leitura do alcoômetro de acordo com as tablas de temperatura e grau alcoólico (7.2 e 7.3);
7. Não descarregar a vinhaça sem a abrir primeiro os espiros para evitar o murchamento dos corpos do aparelho;
8. Quando o aquecimento for a fogo, ao despejar a vinhaça não esquecer de deixar um pouco de líquido no fundo, para evitar queimar o cobre do fundo do alambique (recozimento do cobre) bem como prevenir a pirogenação da matéria orgânica depositada no fundo;
9. Não molhar o alambique com água fria durante a destilação para evitar o murchamento dos corpos;
10. Observar, periodicamente, se há vazamentos nas serpentinas de aquecimento, de condensação e de refrigeração, o que dá aparência leitosa à aguardente.

7.9. Cuidados com o destilado

Manter a caixa de recepção da aguardente cuidadosamente limpa para evitar ao máximo o encaminhamento de impurezas para os recipientes de armazenamento. Filtrar o destilado em feltro ou camurça, pelo mesmo motivo. Tomar a leitura do alcoômetro com cuidado, para evitar recolher aguardente com graduação inferior à recomendada.

7.10. Controle da destilação

O processamento da destilação é supervisionado pela verificação frequente do grau alcoólico, procurando manter sempre um flegma de concentração desejada. Embora a legislação fixe a graduação da aguardente de 38 a 54%, o destilado deve ser obtido próximo de 50%, para compensar as variações de graduação por causa da temperatura, as perdas de álcool no armazenamento e porque é possível diminuir o teor alcoólico no momento do engarrafamento.

A aguardente que sai do aparelho de destilação é constituída principalmente por uma mistura de água e álcool etílico, impurificada com alguns componentes secundários, como já foi descrito.

A aguardente comercial, além desses componentes, encerra outros materiais como adoçantes, corantes e extratos, quando armazenada em vasilhame de madeira. Essas duas situações criam condições diferentes para a determinação do grau alcoólico, ou seja, da concentração de álcool na bebida.

7.11. Aguardente recém destilada

Quando termina a destilação é possível determinar a riqueza alcoólica real da aguardente com um alcoômetro, desde que se observem alguns cuidados. Neste caso, a utilização de alcoômetro permite conhecer diretamente qual é a percentagem de álcool no destilado.

Os alcoômetros são areômetros, isto é, são aparelhos de vidro, constituídos de um flutuador de vidro sobreposto de uma haste também de vidro, com uma escala graduada no seu interior. Na base do flutuador há um peso para mantê-lo na posição vertical, quando mergulhado em um líquido (Figura 7.11).

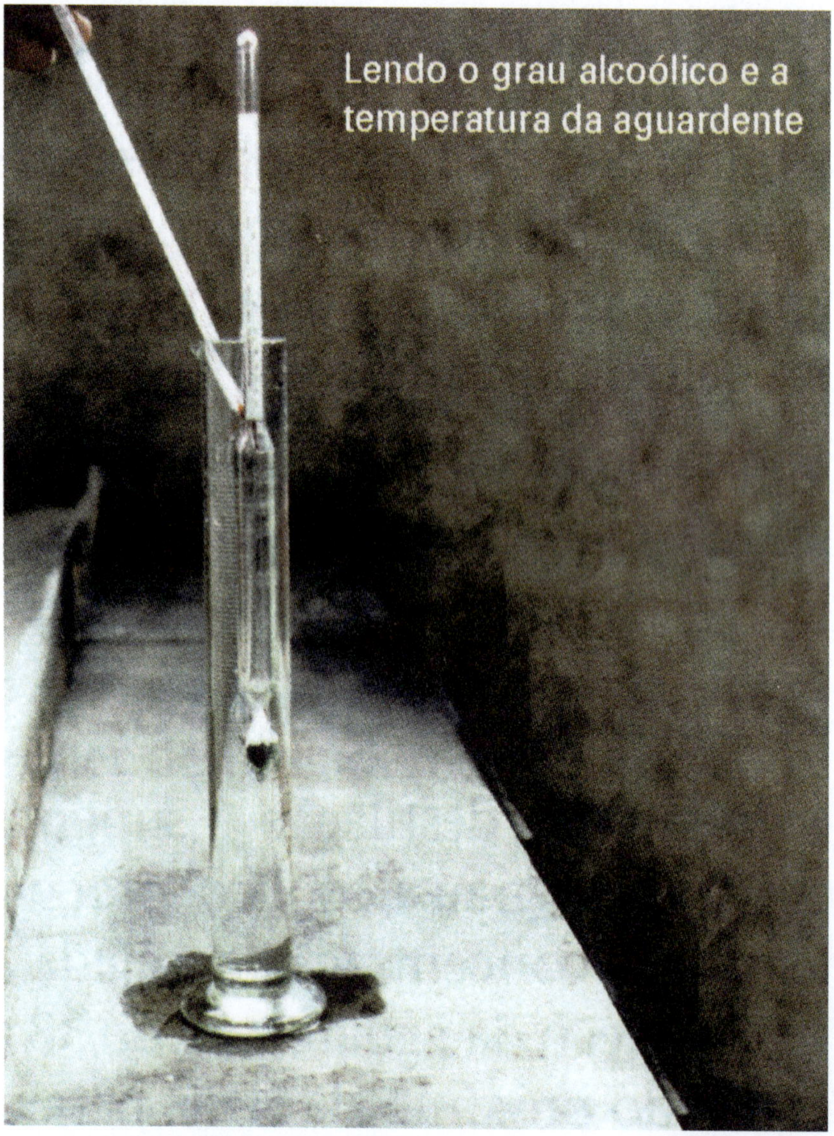

Figura 7.11. Determinação do grau alcoólico com alcoômetro (original do autor, 1999)

A graduação da escala mede diretamente o teor de álcool numa determinada temperatura, na qual o alcoômetro foi graduado. Há tabelas que fornecem a correspondência entre a densidade relativa (peso específico) e as percentagens de álcool em volume e em peso (Tabela 7.1).

Tabelas de densidade de destilados alcoólicos entre 38 e 54% de álcool em volume, para escalas graduadas a 20°C em relação à agua a 4°C

Peso Específico g/mL	INPM		GAY LUSSAC		IUPAC	
	Graduação a 20ºC/4ºC		Graduação a 15ºC/15ºC		Graduação a 20ºC/20ºC	
	% peso	% volume	% peso	% volume	% peso	% volume
0,9552	-	-	31,53	37,97	-	-
0,9551	-	-	31,63	38,03	-	-
0,9550	-	-	31,69	38,10	-	-
0,9549	-	-	31,75	38,17	-	-
0,9548	-	-	31,81	38,24	-	-
0,9547	-	-	31,87	38,30	-	-
0,9546	-	-	31,93	38,37	-	-
0,9545	-	-	31,99	38,44	-	-
0,9544	-	-	32,05	38,51	-	-
0,9543	-	-	32,11	38,58	-	-
0,9542	-	-	32,17	38,64	-	-
0,9541	-	-	32,23	38,71	-	-
0,9539	-	-	32,29	38,71	-	-
0,9538	-	-	32,29	38,78	-	-
0,9537	-	-	32,35	38,85	-	-
0,9536	-	-	32,40	38,90	-	-
0,9535	-	-	32,46	38,97	-	-
0,9534	-	-	32,52	39,04	-	-
0,9533	-	-	32,58	39,11	-	-
0,9532	-	-	32,64	39,18	-	-
0,9531	-	-	32,70	39,24	-	-
0,9530	-	-	32,75	39,30	-	-
0,9529	-	-	32,93	39,51	31,52	37,99
0,9528	-	-	32,99	39,57	31,58	38,05
0,9527	-	-	33,05	39,64	31,63	38,12
0,9526	-	-	33,11	39,71	31,70	38,18
0,9525	-	-	33,17	39,78	31,75	38,25
0,9524	-	-	33,23	39,84	31,81	38,31

Peso Específico g/mL	INPM Graduação a 20ºC/4ºC		GAY LUSSAC Graduação a 15ºC/15ºC		IUPAC Graduação a 20ºC/20ºC	
	% peso	% volume	% peso	% volume	% peso	% volume
0,9522	-	-	33,34	39,97	31,02	38,44
0,9521	-	-	33,40	39,04	31,98	38,51
0,9520	-	-	33,46	40,10	32,04	38,57
0,9518	-	-	33,57	40,23	32,15	38,70
0,9517	-	-	33,63	40,30	32,21	38,76
0,9516	-	-	33,69	40,36	32,26	38,63
0,9515	-	-	33,74	40,41	32,32	38,89
0,9514	-	-	33,80	40,48	32,38	38,95
0,9513	-	-	33,86	40,55	32,43	39,02
0,9512	31,53	37,99	33,91	40,61	32,49	39,08
0,9511	31,59	38,06	33,97	40,67	32,54	39,14
0,9510	31,64	38,12	34,03	40,74	32,60	39,21
0,9509	31,70	38,19	34,08	40,80	32,66	39,27
0,9508	31,76	38,25	34,14	40,86	32,71	39,33
0,9507	31,82	38,32	34,19	40,92	32,77	39,04
0,9506	31,87	38,39	34,25	40,99	32,82	39,46
0,9505	31,93	38,45	34,30	41,05	32,88	39,52
0,9504	31,99	38,52	34,36	41,11	32,93	39,58
0,9503	32,04	38,58	34,41	41,17	32,99	39,65
0,9502	32,10	38,64	34,47	41,23	33,05	39,71
0,9501	32,16	38,71	34,52	41,29	33,10	39,77
0,9500	32,21	38,77	34,58	41,35	33,16	39,83
0,9499	32,27	38,83	34,64	41,42	33,21	39,90
0,9498	32,33	38,90	34,69	41,48	33,27	39,96
0,9496	32,44	39,02	34,80	41,60	33,37	40,08
0,9495	32,49	39,09	34,86	41,67	33,43	40,15
0,9494	32,55	39,15	34,92	41,74	33,49	40,20
0,9493	32,61	39,21	34,98	41,80	33,54	40,27
0,9492	32,66	39,38	35,03	41,86	33,60	40,33
0,9491	32,72	39,34	35,09	41,93	33,65	40,39
0,9490	32,78	39,40	35,14	41,99	33,71	40,46
0,9489	32,83	39,47	35,20	42,05	33,76	40,52
0,9488	32,89	39,53	35,25	42,11	33,82	40,58
0,9487	32,94	39,59	35,31	42,17	33,87	40,64
0,9486	33,00	39,66	35,36	42,23	33,93	40,70

Peso Específico g/mL	INPM		GAY LUSSAC		IUPAC	
	Graduação a 20ºC/4ºC		Graduação a 15ºC/15ºC		Graduação a 20ºC/20ºC	
	% peso	% volume	% peso	% volume	% peso	% volume
0,9484	33,11	39,78	35,47	42,35	34,04	40,82
0,9483	33,17	39,84	35,53	42,42	34,09	40,88
0,9481	33,28	39,97	35,64	42,54	34,20	41,01
0,9480	33,33	40,03	35,69	42,60	34,25	41,07
0,9479	33,39	40,09	35,75	42,66	34,31	41,13
0,9478	33,44	40,16	35,80	42,72	34,36	41,19
0,9477	33,50	40,22	35,86	42,78	34,42	41,25
0,9476	33,55	40,28	35,91	42,84	34,47	41,31
0,9475	33,61	40,34	35,97	42,90	34,52	41,37
0,9474	33,66	40,40	36,03	42,98	34,58	41,43
0,9473	33,72	40,47	36,08	43,03	34,63	41,49
0,9472	33,77	40,53	36,14	43,10	34,69	41,55
0,9471	33,83	40,59	36,19	43,15	34,74	41,61
0,9470	33,88	40,65	36,24	43,21	34,79	41,67
0,9469	33,94	40,71	36,30	43,27	34,85	41,73
0,9468	33,99	40,78	36,35	43,33	34,90	41,79
0,9467	34,05	40,84	36,40	43,39	34,95	41,85
0,9466	34,11	40,90	36,46	43,45	35,01	41,91
0,9465	34,16	40,96	36,51	43,50	35,06	41,97
0,9464	34,22	41,02	36,56	43,56	35,12	42,03
0,9463	34,27	41,09	36,62	43,63	35,17	42,09
0,9462	34,33	41,15	36,67	43,68	35,22	42,15
0,9461	34,38	41,21	36,72	43,74	35,28	42,21
0,9460	34,44	41,27	36,78	43,80	35,33	42,27
0,9459	34,49	41,33	36,83	43,96	35,38	42,32
0,9458	34,55	41,39	36,88	43,92	35,44	42,38
0,9457	34,60	41,46	36,94	43,98	35,49	42,44
0,9456	34,66	41,52	36,99	44,03	35,54	42,50
0,9455	34,71	41,58	37,05	44,10	35,60	42,56
0,9454	34,77	41,64	37,10	44,16	35,65	42,62
0,9453	34,82	41,70	37,15	44,21	35,70	42,68
0,9452	34,88	41,77	37,20	44,27	35,75	42,74
0,9451	34,93	41,83	37,25	44,32	35,81	42,80
0,9450	34,99	41,89	37,30	44,38	35,86	42,85
0,9449	35,02	41,92	37,35	44,43	35,91	42,91

Peso Específico g/mL	INPM Graduação a 20ºC/4ºC		GAY LUSSAC Graduação a 15ºC/15ºC		IUPAC Graduação a 20ºC/20ºC	
	% peso	% volume	% peso	% volume	% peso	% volume
0,9447	35,13	42,04	37,46	44,55	36,02	43,03
0,9445	35,23	42,16	37,56	44,66	36,12	43,15
0,9444	35,29	42,22	37,61	44,72	36,17	43,20
0,9443	35,34	42,28	37,67	44,78	36,23	43,26
0,9442	35,39	42,34	37,73	44,85	36,28	43,32
0,9441	35,45	42,40	37,78	44,90	35,38	43,43
0,9440	35,50	42,46	37,83	44,96	36,38	43,43
0,9439	35,55	42,51	37,89	45,03	36,43	43,49
0,9438	35,61	42,57	37,94	45,08	36,49	43,55
0,9437	35,66	42,63	37,99	45,13	36,54	43,61
0,9436	35,71	42,69	38,05	45,20	36,59	43,66
0,9435	35,77	42,75	38,10	45,26	36,64	43,72
0,9434	35,82	42,81	38,15	45,31	36,69	43,78
0,9433	35,87	42,87	38,20	45,36	36,75	43,84
0,9432	35,93	42,93	38,25	45,42	36,80	43,89
0,9431	35,98	42,99	38,31	45,49	36,85	43,95
0,9430	36,03	43,05	38,36	45,54	36,90	44,01
0,9429	36,08	43,10	38,41	45,59	36,95	44,06
0,9428	36,14	43,16	38,46	45,65	37,00	44,12
0,9427	36,19	43,22	38,51	45,71	37,06	44,18
0,9426	36,24	43,28	38,57	45,77	37,11	44,23
0,9425	36,29	43,33	38,62	45,83	37,16	44,29
0,9424	36,34	43,39	38,67	45,88	37,21	44,35
0,9423	36,40	43,45	38,72	45,94	37,36	44,40
0,9422	36,45	43,51	38,77	45,99	37,37	44,46
0,9421	36,50	43,56	38,82	46,04	37,36	44,52
0,9420	36,55	43,62	38,88	46,11	37,42	44,57
0,9419	36,60	43,68	38,93	46,10	37,47	44,63
0,9418	36,66	43,74	38,98	46,22	37,52	44,69
0,9417	36,71	43,79	39,03	46,27	37,57	44,74
0,9416	36,76	43,85	39,09	46,34	37,62	44,80
0,9415	36,81	43,91	39,14	46,39	37,67	44,86
0,9414	36,86	43,97	39,19	46,44	37,72	44,91
0,9413	36,92	44,02	39,24	46,50	37,77	44,97
0,9412	36,97	44,08	39,30	46,57	37,83	45,02

Peso Específico g/mL	INPM		GAY LUSSAC		IUPAC	
	Graduação a 20ºC/4ºC		Graduação a 15ºC/15ºC		Graduação a 20ºC/20ºC	
	% peso	% volume	% peso	% volume	% peso	% volume
0,9409	37,12	44,25	39,45	46,73	37,98	45,19
0,9408	37,17	44,31	39,50	46,79	38,03	45,24
0,9407	37,23	44,36	39,55	46,84	38,08	45,30
0,9406	37,28	44,42	39,60	46,89	38,13	45,36
0,9405	37,33	44,48	39,65	46,95	38,18	45,41
0,9404	37,38	44,53	39,70	47,01	38,23	45,47
0,9403	37,43	44,59	39,75	47,06	38,28	45,52
0,9402	37,48	44,65	39,80	47,11	38,33	45,58
0,9401	37,53	44,70	39,85	47,17	38,38	45,63
0,9400	37,58	44,76	39,90	47,22	38,43	45,69
0,9399	37,64	44,81	39,95	47,27	38,43	45,74
0,9398	37,69	44,87	40,00	47,33	38,53	45,80
0,9397	37,74	44,93	40,05	47,38	38,58	45,85
0,9396	37,79	44,98	40,10	47,44	38,63	45,90
0,9395	37,84	45,04	40,15	47,49	38,68	45,96
0,9394	37,89	45,10	40,20	47,54	38,73	46,01
0,9393	37,94	45,15	40,25	47,60	38,78	46,07
0,9392	37,99	45,21	40,30	47,66	38,83	46,12
0,9391	38,05	45,26	40,35	47,71	38,88	46,18
0,9390	38,10	45,32	40,40	47,76	38,93	46,23
0,9389	38,15	45,37	40,45	47,82	38,98	46,28
0,9388	38,20	45,43	40,50	47,87	39,03	46,34
0,9387	38,25	45,48	40,55	47,92	39,08	46,39
0,9386	38,30	45,54	40,60	47,98	39,13	46,45
0,9385	38,35	45,59	40,65	48,03	39,18	46,50
0,9384	38,40	45,65	40,70	48,08	39,23	46,55
0,9383	38,45	45,70	40,75	48,14	39,28	46,61
0,9382	38,50	45,76	40,80	48,19	39,33	46,66
0,9381	38,55	45,81	40,85	48,25	39,38	46,72
0,9380	38,60	45,87	40,90	48,30	39,43	47,77
0,9379	38,65	45,92	40,95	48,36	39,48	46,82
0,9378	38,70	45,98	41,00	48,40	39,53	46,88
0,9377	38,75	46,03	41,05	48,46	39,58	46,93
0,9376	38,30	46,09	41,10	48,51	39,62	46,98
0,9375	38,85	46,14	41,15	48,54	39,67	47,04

Peso Específico g/mL	INPM		GAY LUSSAC		IUPAC	
	Graduação a 20ºC/4ºC		Graduação a 15ºC/15ºC		Graduação a 20ºC/20ºC	
	% peso	% volume	% peso	% volume	% peso	% volume
0,9373	38,95	46,25	41,25	48,67	39,77	47,14
0,9372	39,00	46,31	41,30	48,72	39,82	47,20
0,9371	39,05	46,36	41,35	48,78	39,87	47,25
0,9370	39,10	46,41	41,40	48,83	39,92	47,33
0,9369	39,15	46,47	41,45	48,89	39,97	47,36
0,9368	39,20	46,52	41,50	48,94	40,02	47,41
0,9367	39,35	46,58	41,54	48,99	40,07	47,46
0,9366	39,30	46,63	41,59	49,03	40,12	47,52
0,9365	39,35	46,68	41,64	49,09	40,17	47,57
0,9364	39,40	46,74	41,60	49,15	40,22	47,62
0,9363	39,45	46,79	41,74	49,20	40,26	47,68
0,9362	39,50	46,85	41,79	49,25	40,31	47,73
0,9361	39,55	49,60	41,84	49,31	40,36	47,78
0,9360	39,60	46,95	41,89	49,36	40,41	47,84
0,9359	39,65	47,01	41,94	49,41	40,46	47,89
0,9358	39,70	47,06	41,99	49,47	40,51	47,94
0,9357	39,75	47,12	42,03	49,51	40,56	47,99
0,9356	39,80	47,17	42,08	49,56	40,61	48,05
0,9355	39,85	47,22	42,13	49,62	40,66	48,10
0,9354	39,90	47,28	42,18	49,67	40,71	48,15
0,9353	39,95	47,33	42,23	49,72	40,75	48,20
0,9352	40,00	47,39	42,28	49,78	40,80	48,26
0,9351	40,04	47,44	42,33	49,83	40,85	48,31
0,9350	40,09	47,49	42,37	49,87	40,90	48,36
0,9349	40,14	47,54	42,42	49,93	40,95	48,47
0,9348	40,19	47,60	42,47	49,98	41,00	48,47
0,9347	40,24	47,65	42,52	50,03	41,05	48,52
0,9346	40,29	47,70	42,57	50,09	41,09	48,57
0,9345	40,34	47,75	42,62	50,14	41,14	48,62
0,9344	40,39	47,81	42,66	50,19	41,19	48,67
0,9343	40,43	47,86	42,71	50,24	41,24	48,73
0,9342	40,48	47,91	42,76	50,29	41,29	48,78
0,9341	40,53	47,97	42,81	50,34	41,34	48,83
0,9340	40,58	48,02	42,86	50,40	41,38	48,88
0,9339	40,63	48,07	42,91	50,45	41,43	48,93

Peso Específico g/mL	INPM		GAY LUSSAC		IUPAC	
	Graduação a 20ºC/4ºC		Graduação a 15ºC/15ºC		Graduação a 20ºC/20ºC	
	% peso	% volume	% peso	% volume	% peso	% volume
0,9337	40,73	48,18	43,01	50,56	41,53	49,04
0,9336	40,78	48,23	43,06	50,61	41,58	49,09
0,9335	40,82	48,28	43,11	50,67	41,63	49,14
0,9334	40,87	48,33	43,16	50,72	41,67	49,19
0,9333	40,92	48,39	43,21	50,77	41,72	49,24
0,9332	40,97	48,44	43,25	50,81	41,77	49,30
0,9331	41,02	48,49	43,30	50,86	41,82	49,35
0,9330	41,07	48,54	43,35	50,91	41,87	49,40
0,9329	41,12	48,59	43,40	50,97	41,91	49,45
0,9328	41,16	48,65	43,45	51,02	41,96	49,50
0,9327	41,21	48,70	43,50	51,07	42,01	49,55
0,9326	41,26	48,75	43,54	51,12	42,06	49,60
0,9325	41,31	48,80	43,59	51,17	42,11	49,65
0,9324	41,36	48,85	43,64	51,22	42,15	49,71
0,9323	41,41	48,90	43,69	51,27	42,20	49,76
0,9322	41,45	48,96	43,74	51,33	42,25	49,81
0,9321	41,50	49,01	43,78	51,37	42,30	49,86
0,9320	41,55	49,06	43,83	51,43	42,34	49,91
0,9319	41,60	49,11	43,88	51,48	42,39	49,96
0,9318	41,65	49,16	43,93	51,53	42,44	50,01
0,9317	41,70	49,22	43,97	51,57	42,49	50,06
0,9316	41,74	49,27	44,02	51,62	42,53	50,11
0,9315	41,79	49,32	44,07	51,68	42,58	50,16
0,9314	41,84	49,37	44,12	51,73	42,63	50,21
0,9313	41,89	49,42	44,16	51,78	42,68	50,26
0,9312	41,94	49,47	44,21	51,83	42,72	50,31
0,9311	41,99	49,53	44,26	51,89	42,77	50,36
0,9310	42,03	49,58	44,31	51,94	42,82	50,41
0,9309	42,08	49,63	44,35	51,98	42,87	50,46
0,9308	42,13	49,68	44,40	52,03	42,91	50,51
0,9307	42,18	49,73	44,45	52,09	42,96	50,56
0,9306	42,22	49,78	44,50	52,14	43,01	50,62
0,9305	42,27	49,83	44,54	52,18	43,06	50,67
0,9304	42,32	49,88	44,59	52,24	43,10	50,72
0,9303	42,37	49,93	44,64	52,28	43,15	50,77

Peso Específico g/mL	INPM Graduação a 20ºC/4ºC		GAY LUSSAC Graduação a 15ºC/15ºC		IUPAC Graduação a 20ºC/20ºC	
	% peso	% volume	% peso	% volume	% peso	% volume
0,9301	42,46	50,03	44,73	52,38	43,42	50,87
0,9300	42,51	50,08	44,78	52,43	43,29	50,92
0,9299	42,56	50,14	44,83	52,48	43,34	50,97
0,9298	42,60	50,19	44,87	52,52	43,39	51,02
0,9297	42,65	50,24	44,92	52,58	43,43	51,07
0,9296	42,70	50,29	44,97	52,62	43,48	51,12
0,9295	42,75	50,34	45,02	52,68	43,53	51,16
0,9294	42,80	50,39	45,07	52,74	43,57	51,21
0,9293	42,84	50,44	45,12	52,79	43,62	51,26
0,9292	42,89	50,50	45,17	52,84	43,67	51,30
0,9291	42,94	50,54	45,21	52,88	43,71	51,36
0,9290	42,99	50,59	45,26	52,93	43,76	51,41
0,9289	43,03	50,64	45,31	52,99	43,81	51,46
0,9288	43,08	50,69	45,35	53,03	43,86	51,51
0,9287	43,13	50,74	45,40	53,08	43,90	51,56
0,9286	43,17	50,79	45,45	53,13	43,95	51,61
0,9285	43,22	50,84	45,50	53,18	44,00	51,66
0,9284	43,27	50,89	45,55	53,23	44,04	51,71
0,9283	43,32	50,94	45,59	53,28	44,09	51,76
0,9282	43,36	50,99	45,64	53,34	44,14	51,81
0,9281	43,41	51,04	45,69	53,39	44,18	51,86
0,9280	43,46	51,09	45,73	53,44	44,23	51,91
0,9279	43,50	51,14	45,78	53,49	44,28	51,96
0,9278	43,55	51,19	45,83	53,54	43,33	52,01
0,9277	43,60	51,24	45,87	53,58	44,37	52,06
0,9276	43,65	51,29	45,92	53,63	44,42	52,11
0,9275	43,69	51,34	45,97	53,68	44,47	52,16
0,9274	43,74	51,39	46,02	53,73	44,51	52,21
0,9273	43,79	51,44	46,07	53,78	44,56	52,26
0,9272	43,83	51,49	46,11	53,82	44,61	52,31
0,9271	43,88	51,54	45,16	53,87	44,65	52,35
0,9270	43,93	51,59	46,20	53,92	44,70	52,40
0,9269	43,98	51,64	46,25	53,97	44,75	52,45
0,9268	44,02	51,69	46,29	54,01	44,79	52,50
0,9267	44,07	51,74	-	-	44,84	52,55

Peso Específico g/mL	INPM Graduação a 20ºC/4ºC		GAY LUSSAC Graduação a 15ºC/15ºC		IUPAC Graduação a 20ºC/20ºC	
	% peso	% volume	% peso	% volume	% peso	% volume
0,9265	44,16	51,84	-	-	44,93	52,65
0,9264	44,21	51,89	-	-	44,98	52,70
0,9263	44,26	51,94	-	-	45,03	52,75
0,9262	44,31	51,99	-	-	45,07	52,80
0,9261	44,35	52,04	-	-	45,12	52,84
0,9260	44,40	52,09	-	-	45,17	52,89
0,9259	44,45	52,14	-	-	45,21	52,94
0,9258	44,49	52,18	-	-	45,26	52,99
0,9257	44,54	52,23	-	-	45,31	53,04
0,9256	44,59	52,28	-	-	45,35	53,09
0,9255	44,63	52,33	-	-	45,40	53,14
0,9254	44,68	52,38	-	-	44,45	53,19
0,9253	44,73	52,43	-	-	45,49	53,23
0,9252	44,77	52,48	-	-	45,54	53,28
0,9251	44,82	52,53	-	-	45,59	53,33
0,9250	44,87	52,58	-	-	45,63	53,38
0,9249	44,92	52,63	-	-	45,68	53,43
0,9248	44,96	52,68	-	-	45,72	53,48
0,9247	45,01	52,73	-	-	45,77	53,52
0,9246	45,06	52,78	-	-	45,82	53,57
0,9245	45,10	52,83	-	-	45,86	53,62
0,9244	45,15	52,87	-	-	45,91	53,67
0,9243	45,20	52,92	-	-	45,96	53,72
0,9242	45,24	52,97	-	-	46,00	53,77
0,9241	45,29	53,02	-	-	46,05	53,82
0,9240	45,33	53,07	-	-	46,10	53,86
0,9239	45,38	53,12	-	-	46,14	53,91
0,9238	45,43	53,17	-	-	46,19	53,96
0,9237	45,47	53,22	-	-	46,23	54,01
0,9236	45,52	53,26	-	-	-	-
0,9235	45,57	53,31	-	-	-	-
0,9234	45,61	53,36	-	-	-	-
0,9233	45,66	53,41	-	-	-	-
0,9232	45,71	53,46	-	-	-	-
0,9231	45,75	53,51	-	-	-	-

Peso Específico g/mL	INPM Graduação a 20°C/4°C		GAY LUSSAC Graduação a 15°C/15°C		IUPAC Graduação a 20°C/20°C	
	% peso	% volume	% peso	% volume	% peso	% volume
0,9229	45,85	53,60	-	-	-	-
0,9228	45,89	53,65	-	-	-	-
0,9227	45,94	53,70	-	-	-	-
0,9226	45,99	53,75	-	-	-	-
0,9225	46,03	53,80	-	-	-	-
0,9224	46,08	53,85	-	-	-	-
0,9223	46,13	53,89	-	-	-	-
0,9222	46,17	53,94	-	-	-	-
0,9221	46,22	53,99	-	-	-	-
0,9220	46,26	54,04	-	-	-	-
0,7943	-	-	100,0	100,0	-	-
0,7907	-	-	-	-	100,0	100,0
0,7893	100,0	100,0	-	-	-	-

Há várias escalas alcoométricas, conhecidas por Cartier, Sikes, Gay-Lussac, "proof" e ponderal. A escala de Gay-Lussac era a mais difundida. Os graus Gay-Lussac ou GL representam a percentagem de álcool puro numa solução de álcool em água, medidos a 15°C. Essa escala foi substituída pela escala centesimal a 20°C e pode ser em volume ou em massa (peso).

Esta é a escala ponderal, que mede a concentração de álcool em peso, numa solução hidroalcoólica. Existem escalas ponderais e volumétricas para alcoômetros calibrados a 15°C e a 20°C.

A temperatura do líquido influi na densidade relativa de um líquido; se a temperatura eleva, a densidade diminui, ao contrário, se a temperatura diminui a densidade aumenta. Por causa disso, a determinação do grau alcoólico real de uma aguardente é feita como segue:

As escalas dos alcoômetros são graduadas em determinadas temperaturas, motivo pelo qual suas leituras são reais, quando feitas nos líquidos cuja temperatura é a mesma da calibração do aparelho.

Como exemplo, se o alcoômetro foi graduado a 20°C, o grau alcoólico de uma aguardente resfriada a 20°C é o lido no aparelho. Se a mesma aguardente estiver a 23°C, o grau alcoólico fica alterado para mais, porque a densidade do líquido diminui, o aparelho mergulha mais fundo e acusa leitura maior. Ao contrário, se a temperatura da aguardente for 17°C, sua densidade aumenta, o alcoômetro afunda menos e a leitura é menor.

Nos três casos, temos três leituras para uma mesma graduação alcoólica. A 20°C, o grau alcoólico é real e, nas temperaturas de 23°C e 17°C, o grau alcoólico é aparente. Para evitar erros de graduação que trazem inconvenientes no momento de parar a destilação no alambique quando é comercializada, o destilador deve medir a temperatura do destilado com um termômetro, no momento em que lê a graduação alcoólica e, em seguida, em uma tabela própria, denominada Tabela de Força Real dos Líquidos Alcoólicos, ler a graduação alcoólica do líquido medido.

Ao momento de ler a Tabela de Força Real, verificar se ela é graduada a 20°C ou a 15°C (Tabelas 7.2 e 7.3), porque uma é própria para aparelhos graduados a 20°C e outra para 15°C.

Quando o alcoômetro é colocado na aguardente, o líquido sobe um pouco na haste, como visto na Figura 7.8, formando o que é conhecido por menisco. Para ser correta, a leitura do grau alcoólico deve ser feita em ângulo de baixo para cima, procurando ver o traço da escala na base do menisco.

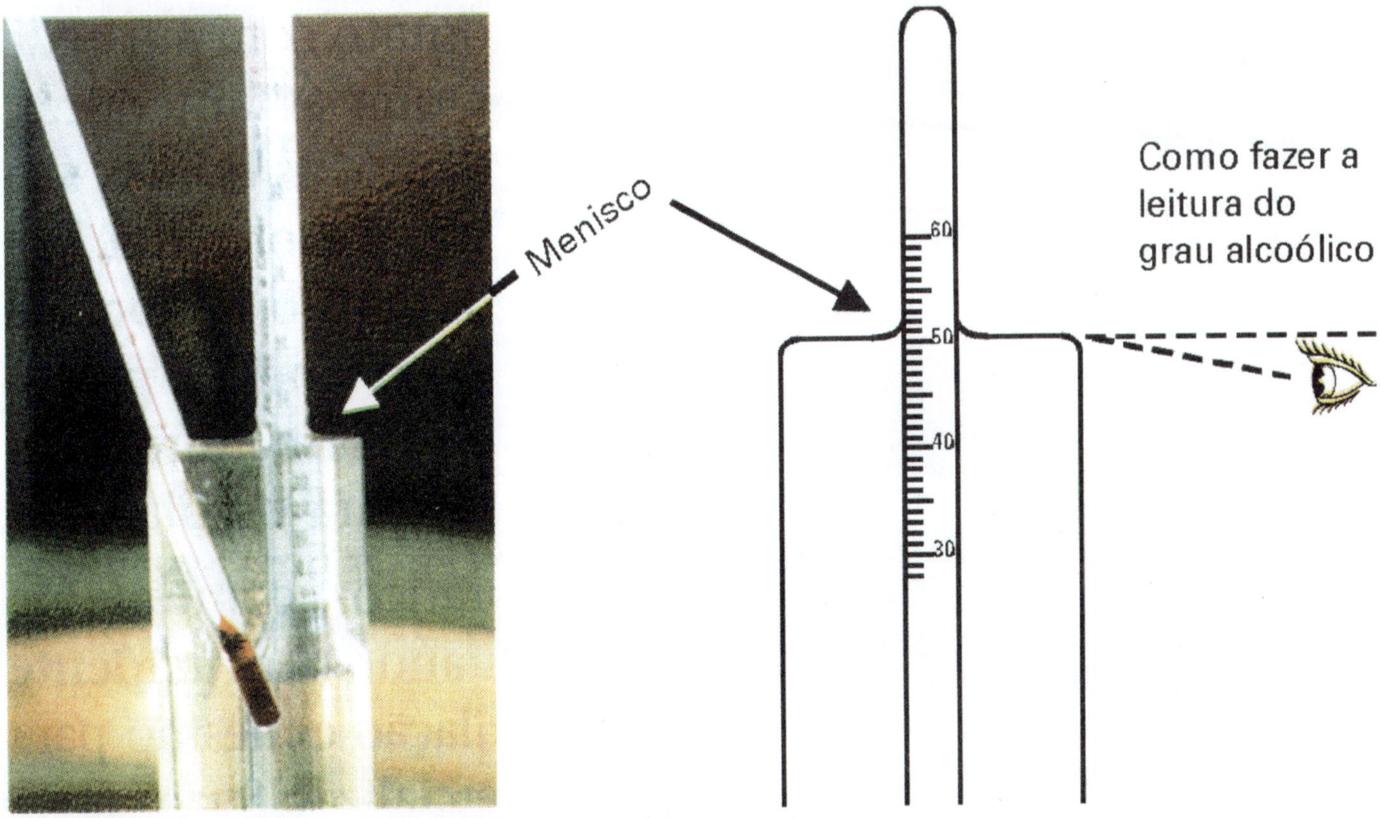

Figura 7.12. Como ler o alcoômetro na determinação do grau alcoólico

A leitura do traço é dificultada quando a escala do alcoômetro muito ampla. É costume adquirir alcoômetros com escalas que variam de 0 a 100, nos quais as divisões em graus são muito estreitas; a leitura é pouco precisa e conduz a erros. Para maior precisão, é aconselhável adquirir alcoômetros com escalas menos amplas, de 20 a 40 e de 40 a 60, mais caros, mas melhores, porque os traços das escalas são mais distantes e permitem maior facilidade e precisão das leituras.

Os alcoômetros são aparelhos delicados, frágeis, que quebram facilmente; por isso é recomendável colocar anéis de borracha, de cortiça ou algodão, no fundo das provetas, para evitar que, em uma operação menos cuidadosa, o alcoômetro bata no fundo e quebre.

Outra maneira de avaliar a graduação de uma aguardente pura é observar a espuma que ela produz ao ser agitada dentro de uma garrafa. Quanto mais concentrada é a solução de álcool, maior é o tamanho das bolhas da espuma e, inversamente, quanto mais fraco for o destilado, menores são as bolhas da espuma.

A duração das bolhas também depende da concentração alcoólica. Um destilado muito concentrado forma bolhas grandes, mas de curtíssima ou curta persistência.

No intervalo das concentrações admitidas pela legislação para as aguardentes, próximo de 40% de álcool, as bolhas formadas pela agitação são muito pequenas e desaparecem rapidamente. No intervalo de a 40 a 45% elas são maiores e formam como contas minúsculas de um colar na superfície do líquido e em contato com a parede do recipiente. São mais persistentes que as anteriores, mas rebentam logo. Acima disso, até 50%, as bolhas são maiores, o colar é persistente e de gotas maiores que demoram mais para rebentar. Em concentração maior, até 54%, as bolhas do colar são grandes, mas menos persistentes. Acima dessa concentração não se forma o rosário, coroa ou aljofre, outras denominações para o colar.

Os operários destiladores, bem práticos, comumente não usam alcoômetros para saber quando a aguardente está no ponto para interromper a destilação e mesmo para avaliar a bebida no momento de comercializar. Sua prática permite avaliar o teor alcoólico real com variação inferior a meio grau, porque a formação dessas bolhas características não depende da variação da temperatura nas condições normais da destilaria e não conduz a erros na avaliação.

É comum, que esses práticos, instados a usar de alcoômetros, cometam erros e tirem destilado sem a graduação adequada porque não lhes é ensinado que a temperatura faz variar a densidade e o teor alcoólico, como descrito atrás.

Eles usam o alcoômetro e dizem: "a aguardente deu grau, mas não tem coroa", para um destilado que pelo alcoômetro mostrou concentração adequada. Os alcoômetros são muito úteis e se diria imprescindíveis e seu custo não é proibitivo. Laboratório e grandes empresas determinam a riqueza alcoólica com densímetros, aparelhos eletrônicos de preço elevado.

A determinação do teor alcoólico de bebida envelhecida exige metodologia especial que usa técnica laboratorial simples. O conhecimento do grau alcoólico é importante nas transações comerciais.

7.12. Aguardente comercial

O grau alcoólico de uma aguardente engarrafada ou preparada para a comercialização, em geral, não pode ser avaliado diretamente com um alcoômetro, ou pelo aljofre, porque há diversas causas de erro.

Em uma aguardente homogeneizada, em que se faz a adição de açúcar, caramelo ou extrato de madeira, esses bonificadores alteram a densidade e, em consequência, a graduação lida pelo alcoômetro.

As aguardentes envelhecidas sofrem modificações, motivo porque o uso direto de alcoômetros não permite avaliar corretamente seu teor alcoólico.

No caso das aguardentes comerciais, a observação do aljofre também não é válida, porque o envelhecimento ou a presença de bonificadores altera a formação da coroa.

Quando é necessário conhecer a graduação alcoólica da aguardente comercial, é preciso destilá-la para eliminar o extrato. Isso é feito da seguinte forma: 200 mL da aguardente são misturados com 200 mL de água destilada e submetidos a destilação, até obter 200 mL do novo destilado. A colocação do alcoômetro nesse novo destilado, com a observação das recomendações feitas sobre temperaturas e usos de tabelas, permite saber qual é o verdadeiro teor alcoólico.

Tabela 7.2. Tabela de força real das soluções aquosas de álcool a 20ºC, em relação à água a 4ºC

Temperatura em graus Celsius	Leitura no alcoômetro ou grau alcoólico aparente																																			
	38,0	38,5	39,0	39,5	40,0	40,5	41,0	41,5	42,0	42,5	43,0	43,5	44,0	44,5	45,0	45,5	46,0	46,5	47,0	47,5	48,0	48,5	49,0	49,5	50,0	50,5	51,0	51,5	52,0	52,5	53,0	53,5	54,0	54,5	55,0	55,5
	Grau alcoólico real em aparelho graduado a 20ºC em relação à água a 4ºC																																			
20,0	38,0	38,5	39,0	39,5	40,0	40,5	41,0	41,5	42,0	42,5	43,0	43,5	44,0	44,5	45,0	45,5	46,0	46,5	47,0	47,5	48,0	48,5	49,0	49,5	50,0	50,5	51,0	51,5	52,0	52,5	53,0	53,5	54,0	54,5	55,0	55,5
20,5	37,8	38,3	38,8	39,3	39,8	40,3	40,8	41,3	41,8	42,3	42,8	43,3	43,8	44,3	44,8	45,3	45,8	46,3	46,8	47,3	47,8	48,3	48,8	49,3	49,8	50,3	50,8	51,3	51,8	52,3	53,8	53,3	53,8	54,3	54,8	55,3
21,0	37,6	38,1	38,6	39,1	39,6	40,1	40,6	41,1	41,6	42,1	42,6	43,1	43,6	44,1	44,6	45,1	45,6	46,1	46,6	47,1	47,6	48,1	48,6	49,1	49,6	50,1	50,6	51,1	51,6	52,1	52,6	53,1	53,6	54,1	54,6	55,1
21,5	37,4	37,9	38,4	38,9	39,4	39,9	40,4	40,9	41,4	41,9	42,4	42,9	43,4	43,9	44,4	44,9	45,4	45,9	46,4	46,9	47,4	47,9	48,4	48,9	49,4	49,9	50,4	50,9	51,4	51,9	52,5	53,0	53,5	54,0	54,5	55,0
22,0	37,2	37,7	38,2	38,7	39,2	39,7	40,2	40,7	41,2	41,7	42,2	42,7	43,2	43,7	44,2	44,7	45,2	45,7	46,2	46,7	47,2	47,7	48,2	48,7	49,2	49,7	50,3	50,8	51,3	51,8	52,3	52,8	53,3	53,8	54,3	54,8
22,5	37,0	37,5	38,0	38,5	39,0	39,5	40,0	40,5	41,0	41,5	42,0	42,5	43,0	43,5	44,0	44,5	45,0	45,5	46,0	46,5	47,1	47,6	48,1	48,6	49,1	49,6	50,1	50,6	51,1	51,6	52,1	52,6	53,1	53,6	54,1	54,6
23,0	36,8	37,3	37,8	38,3	38,8	39,3	39,8	40,3	40,8	41,3	41,8	42,3	42,8	43,3	43,8	44,3	44,8	45,3	45,9	46,4	46,9	47,4	47,9	48,4	48,9	49,3	49,9	50,4	50,9	51,4	51,9	52,4	52,9	53,4	53,9	54,4
23,5	36,6	37,1	37,6	37,1	38,6	39,1	39,6	40,1	40,6	41,1	41,6	42,1	42,6	43,1	43,6	44,1	44,6	45,2	45,7	46,2	46,7	47,2	47,7	48,2	48,7	49,2	49,7	50,2	50,7	51,2	51,7	52,2	52,7	53,2	53,7	54,2
24,0	36,4	36,9	37,4	37,9	38,4	38,9	39,4	39,9	40,4	40,9	41,4	41,9	42,4	42,9	43,4	43,9	44,4	45,0	45,5	46,0	46,5	47,0	47,5	48,0	48,5	49,0	49,5	50,0	50,5	51,0	51,5	52,0	52,5	53,0	53,5	54,1
24,5	36,2	36,7	37,2	37,7	38,2	38,7	39,2	39,7	40,2	40,7	41,2	41,7	42,2	42,7	43,2	43,7	44,2	44,8	45,3	45,8	46,3	46,8	47,3	47,8	48,3	48,8	49,3	49,8	50,3	50,8	51,3	51,8	52,4	52,9	53,4	53,9
25,0	36,0	36,5	37,0	37,5	38,0	38,5	39,0	39,5	40,0	40,5	41,0	41,5	42,0	42,5	43,0	43,5	44,0	44,6	45,1	45,6	46,1	46,6	47,1	47,6	48,1	48,6	49,1	49,6	50,1	50,6	51,1	51,6	52,2	52,7	53,2	53,7
25,5	35,8	36,3	36,8	37,3	37,8	38,3	38,8	39,3	39,8	40,3	40,8	41,3	41,8	42,4	42,9	43,4	43,9	44,4	44,9	45,4	45,9	46,4	46,9	47,4	47,9	48,4	48,9	49,5	50,0	50,5	51,0	51,5	52,0	52,5	53,0	53,5
26,0	35,6	36,1	36,6	37,1	37,6	38,1	38,6	39,1	39,6	40,1	40,6	41,1	41,6	42,2	42,7	43,2	43,7	44,2	44,7	45,2	45,7	46,2	46,7	47,2	47,7	48,2	48,7	49,3	49,8	50,3	50,8	51,3	51,8	52,3	52,8	53,3
26,5	35,4	35,9	36,4	36,9	37,4	37,9	38,4	38,9	39,4	39,9	40,4	40,9	41,4	42,0	42,5	43,0	43,5	44,0	44,5	45,0	45,5	46,0	46,5	47,0	47,6	48,1	48,6	49,1	49,6	50,1	50,6	51,1	51,6	52,1	52,6	53,1
27,0	35,2	35,7	36,2	36,7	37,2	37,7	38,2	38,7	39,2	39,7	40,2	40,7	41,2	41,8	42,3	42,8	43,3	43,8	44,3	44,8	45,3	45,8	46,3	46,8	47,4	47,9	48,4	48,9	49,4	49,9	50,4	50,9	51,4	51,9	52,4	53,0
27,5	35,0	35,5	36,0	36,5	37,0	37,5	38,0	38,5	39,0	39,5	40,0	40,5	41,0	41,6	42,1	42,6	43,1	43,6	44,1	44,6	45,1	45,6	46,2	46,7	47,2	47,7	48,2	48,7	49,2	49,7	50,2	50,7	51,2	51,8	52,3	52,8
28,0	34,8	35,3	35,8	36,3	36,8	37,3	37,8	38,3	38,8	39,3	39,8	40,3	40,9	41,4	41,9	42,4	42,9	43,4	43,9	44,4	44,9	45,5	46,0	46,5	47,0	47,5	48,0	48,5	49,0	49,5	50,0	50,5	51,1	51,6	52,1	52,6
28,5	34,6	35,1	35,6	36,1	36,6	37,1	37,6	38,1	38,6	39,1	39,6	40,1	40,7	41,2	41,7	42,2	42,7	43,2	43,7	44,2	44,7	45,3	45,8	46,3	46,8	47,3	47,8	48,3	48,8	49,3	49,9	50,4	50,9	51,4	51,9	52,4
29,0	34,4	34,9	35,4	35,9	36,4	36,9	37,4	37,9	38,4	38,9	39,4	39,9	40,5	41,0	41,5	42,0	42,5	43,0	43,5	44,0	44,6	45,1	45,6	46,1	46,6	47,1	47,6	48,1	48,6	49,1	49,7	50,2	50,7	51,2	51,7	52,2
29,5	34,2	34,7	35,2	35,7	36,2	36,7	37,2	37,7	38,2	38,7	39,2	30,7	40,3	40,8	41,3	41,8	42,3	42,8	43,3	43,8	44,4	44,9	45,4	45,9	46,4	46,9	47,4	47,9	48,5	49,0	49,5	50,0	50,5	51,0	51,5	52,0
30,0	33,9	34,5	35,0	35,5	36,0	36,5	37,0	37,5	38,0	38,5	39,0	39,6	40,1	40,6	41,1	41,6	42,1	42,6	43,1	43,7	44,2	44,7	45,2	45,7	46,2	46,7	47,2	47,8	48,3	48,8	49,3	49,8	50,3	50,8	51,3	51,9
30,5	33,7	34,3	34,8	35,3	35,8	36,3	36,8	37,3	37,8	38,3	38,8	39,4	39,9	40,4	40,9	41,4	41,9	42,4	42,9	43,5	44,0	44,5	45,0	45,4	46,0	46,5	47,0	47,6	48,1	48,6	49,1	49,6	50,1	50,6	51,2	51,7
31,0	33,5	34,1	34,6	35,1	35,6	36,1	36,6	37,1	37,6	38,1	38,6	39,2	39,7	40,2	40,7	41,2	41,7	42,2	42,7	43,3	43,8	44,3	44,8	45,2	45,8	46,3	46,8	47,4	47,9	48,4	48,9	49,4	49,9	50,5	51,0	51,5
31,5	33,3	33,8	34,4	34,9	35,4	35,9	36,4	36,9	37,4	37,9	38,4	39,0	39,5	40,0	40,5	41,0	41,5	42,0	42,6	43,1	43,6	44,1	44,6	45,1	45,6	46,1	46,7	47,2	47,7	48,2	48,7	49,2	49,8	50,3	50,8	51,3
32,0	33,1	33,6	34,2	34,7	35,2	35,7	36,2	36,7	37,2	37,7	38,2	38,8	39,3	39,8	40,3	40,8	41,3	41,8	42,4	42,9	43,4	43,9	44,4	44,9	45,5	46,0	46,5	47,0	47,5	48,0	48,5	49,1	49,6	50,1	50,6	51,1
32,5	32,9	33,4	33,9	34,5	35,0	35,5	36,0	36,5	37,0	37,5	38,0	38,6	39,1	39,6	40,1	40,6	41,1	41,6	42,2	42,7	43,2	43,7	44,2	44,7	45,3	45,8	46,3	46,8	47,3	47,8	48,4	48,9	49,4	49,9	50,4	50,9
33,0	32,7	33,2	33,7	34,3	34,8	35,3	35,8	36,3	36,8	37,3	37,8	38,4	38,9	39,4	39,9	40,4	40,9	41,4	42,0	42,5	43,0	43,5	44,0	44,5	45,1	45,6	46,1	46,6	47,1	47,6	48,2	48,7	49,2	49,7	50,2	50,7
33,5	32,5	33,0	33,5	34,1	34,6	35,1	35,6	36,1	36,6	37,1	37,6	38,2	38,7	39,2	39,7	40,2	40,7	41,2	41,8	42,3	42,8	43,3	43,8	44,4	44,9	45,4	45,9	46,4	46,9	47,5	48,0	48,5	49,0	49,5	50,0	50,6
34,0	32,3	32,8	33,3	33,8	34,4	34,9	35,4	35,9	36,4	36,9	37,4	38,0	38,5	39,0	39,5	40,0	40,5	41,0	41,6	42,1	42,6	43,1	43,6	44,2	44,7	45,2	45,7	46,2	46,7	47,3	47,8	48,3	48,8	49,3	49,8	50,4
34,5	32,1	32,6	33,1	33,6	34,2	34,7	35,2	35,7	36,2	36,7	37,2	37,8	38,3	38,8	39,3	39,8	40,3	40,9	41,4	41,9	42,4	42,9	43,4	44,0	44,5	45,0	45,5	46,0	46,6	47,1	47,6	48,1	48,6	49,1	49,7	50,2
35,0	31,9	32,4	32,9	33,4	33,2	34,5	35,0	35,5	36,0	36,5	37,0	37,5	38,1	38,6	39,1	39,6	40,1	40,7	41,2	41,7	42,2	42,7	43,2	43,8	44,3	44,8	45,3	45,8	46,4	46,9	47,4	47,9	48,4	49,0	49,5	50,0

Tabela 7.3. Tabela de força real das soluções aquosas de álcool a 15°C em relação à água à 15°C

Temperatura em graus Celsius	Leitura no alcoômetro ou grau alcoólico aparente																	
	38	39	40	41	42	43	44	45	46	47	48	49	50	51	52	53	54	55
	Grau alcoólico real em aparelho graduado a 15°C em relação à água a 15°C																	
0	44,4	45,4	46,4	47,4	48,4	49,3	50,3	51,3	52,3	53,2	54,1	55,1	56,1	57,1	58,0	59,0	59,9	60,9
1	44,1	45,0	46,0	47,0	48,0	48,9	49,9	50,8	51,8	52,8	53,7	54,7	55,7	56,7	57,6	58,6	59,6	60,6
2	43,7	44,6	45,5	46,5	47,5	48,5	49,5	50,4	51,4	52,3	53,3	54,3	55,3	56,3	57,2	58,2	59,2	60,2
3	43,2	44,2	45,2	46,2	47,1	48,1	49,0	50,0	51,0	52,0	52,9	53,9	54,8	55,8	56,8	57,8	58,8	59,8
4	42,8	43,8	44,8	45,8	46,7	47,7	48,7	49,6	50,6	51,5	52,5	53,5	54,5	55,5	56,5	57,4	58,4	59,4
5	42,4	43,4	44,3	45,3	46,2	47,2	48,2	49,2	50,2	51,1	52,1	53,1	54,0	55,0	56,0	57,0	58,0	59,0
6	41,9	42,9	43,9	44,9	45,8	46,8	47,8	48,8	49,8	50,8	51,7	52,7	53,7	54,7	55,6	57,5	57,5	58,5
7	41,4	42,4	44,3	44,4	45,4	46,4	47,4	48,4	49,4	50,4	51,3	52,3	53,2	54,2	55,2	56,2	57,1	58,1
8	41,0	42,0	43,0	44,0	45,0	46,0	47,0	47,9	48,9	49,9	50,9	51,9	52,9	53,9	54,9	55,8	56,8	57,8
9	40,6	41,6	42,6	43,6	44,6	45,6	46,6	47,5	48,5	49,5	50,5	51,5	52,5	53,5	54,5	55,4	56,4	57,4
10	40,1	41,1	42,1	43,1	44,1	45,1	46,1	47,1	48,1	49,1	50,1	51,1	52,0	53,0	54,0	55,0	56,0	57,0
11	39,7	40,7	41,7	42,7	43,7	44,7	45,7	46,7	47,7	48,7	49,7	50,7	51,7	52,7	53,7	54,6	55,6	56,6
12	39,3	40,3	41,3	42,3	43,3	44,3	45,3	46,3	47,3	48,3	49,3	50,3	51,2	52,2	53,2	54,2	55,2	56,2
13	38,8	39,8	40,9	41,9	42,9	43,9	44,9	45,9	46,9	47,9	48,9	49,9	50,9	51,9	52,8	53,8	54,8	55,8
14	38,4	39,4	40,4	41,4	42,4	43,4	44,4	45,4	46,4	47,4	48,4	49,4	50,4	51,4	52,4	53,4	54,4	55,4
15	38	39	40	41	42	43	44	45	46	47	48	49	50	51	52	53	54	55
16	37,5	38,5	39,5	40,6	41,6	42,6	43,6	44,6	45,6	46,6	47,6	48,6	49,6	50,6	51,6	52,6	53,6	54,6
17	37,1	38,1	39,1	40,1	41,1	42,1	43,1	44,1	45,2	46,2	47,2	48,2	49,2	50,2	51,2	52,2	53,2	54,2
18	36,6	37,6	38,6	39,6	40,7	41,7	42,7	43,7	44,8	45,8	46,8	47,8	48,8	49,8	50,8	51,8	52,8	53,8
19	36,2	37,2	38,2	39,3	40,3	41,3	42,4	43,4	44,4	45,4	46,4	47,4	48,4	49,4	50,4	51,4	52,4	53,4
20	35,8	36,8	37,8	38,9	39,9	40,9	42,0	43,0	44,0	45,0	46,0	47,0	48,0	49,0	50,0	51,0	52,0	53,0
21	35,4	36,4	37,4	38,4	39,4	40,4	41,5	42,5	43,5	44,6	45,6	46,6	47,6	48,6	49,6	50,6	51,6	52,6
22	35,0	36,0	36,9	38,0	39,0	40,0	41,1	42,1	43,1	44,1	45,1	46,1	47,1	48,1	49,1	50,1	51,1	52,2
23	34,5	35,5	36,5	37,6	38,6	39,6	40,6	41,6	42,6	43,6	44,6	45,7	46,7	47,7	48,8	49,8	50,8	51,8
24	34,1	35,1	36,1	37,2	38,2	39,2	40,2	41,2	42,2	43,3	44,3	45,3	46,3	47,3	48,4	49,4	50,4	51,4
25	33,7	34,7	35,7	36,7	37,7	38,7	39,8	40,8	41,9	42,9	43,9	44,9	46,0	47,0	48,0	49,0	50,0	51,0
26	33,3	34,3	35,3	36,3	37,3	38,3	39,4	40,4	41,5	42,5	43,5	44,5	45,5	46,5	47,5	48,5	49,5	50,5
27	32,9	33,9	34,8	35,9	35,9	37,9	39,0	40,0	41,1	42,1	43,1	44,1	45,1	46,1	47,1	48,1	49,1	50,2
28	32,5	33,5	34,4	35,4	35,4	37,5	38,6	39,6	40,6	41,6	42,6	43,7	44,7	45,7	46,7	47,7	48,7	49,8
29	32,1	33,1	34,0	35,0	35,0	37,1	38,1	39,1	40,2	41,2	42,2	43,3	44,3	45,3	46,3	47,3	48,4	49,4
30	31,6	32,6	33,6	34,6	34,6	36,6	37,7	38,7	39,8	40,8	41,8	42,8	43,8	44,9	45,9	47,0	48,0	49,0

ARMAZENAMENTO E ENVELHECIMENTO

8

NOTA EXPLICATIVA

Este capítulo insere um comentário a respeito de duas pesquisas sobre armazenamento de aguardente que o autor considera de alto valor tecnológico. Essas pesquisas, executadas neste século, são pouco conhecidas, embora encerrem perspectivas modernizadoras para a indústria de aguardente de cana-de-açúcar. O autor, há muito preocupado com a carência de madeiras próprias para confecção de tonéis, pretende com o comentário, tão somente colaborar para divulgar as pesquisas sobe o tema.

8.1. Introdução

O emprego de tanques de aço carbono para armazenar aguardente, introduzido nas últimas décadas do século XX no Estado de São Paulo evidenciou a carência de madeira para construção de recipientes de armazenamento. Para suprir essa carência, seria necessário encontrar substitutas para as madeiras autóctones, usadas desde o período colonial brasileiro para confeccionar barris ou tonéis.

A solução seria encontrar madeiras provenientes de árvores de grande porte, de crescimento rápido e de cultivo renovável, características inviáveis para as essências nobres tradicionalmente usadas. De modo natural, a prospecção voltou-se para as árvores exóticas introduzidas no Brasil a partir do século XIX. O enfoque se fixou nos eucaliptos, sobre os quais foram feitos projetos de pesquisas.

Nativo da Oceania, com predominância na Austrália, o eucalipto foi introduzido no Brasil no século XIX, em data imprecisa. Ele ganhou enorme importância no início do século XX, quando foi eleito para implantação com o objetivo de fornecer madeira para confecção de dormentes e obtenção de carvão para combustível nas locomotivas da Companhia Paulista de Estradas de Ferro. As madeiras do gênero também são aptas para construção civil, estruturas, movelaria e atualmente são cogitadas para tanoaria.

Há dois trabalhos relativamente recentes sobre armazenamento de aguardente em recipientes de eucalipto, que reclamam atenção especial. São eles:

1. MORI, F.A.; MENDES, L.M.; TRUGILHO, P.F.; CARDOSO, M.G.. **Utilização de madeiras de eucaliptos e nativas no armazenamento de aguardente de cana-de-açúcar**. Ciência e Tecnologia de Alimentos, Campinas, v. 23, n.3, p.396-400, 2003.
2. VIÉGAS, E.K.D. **Potencialidade de eucaliptos para armazenamento ou envelhecimento de cachaça**, 2015. Tese de Doutorado – USP/ESALQ. (*Esta tese encontra-se online na biblioteca da USP/ESALQ*).

Os trabalhos inovam sobre o tema armazenamento de destilados, mas parece não terem obtido a repercussão que merecem. Eles tratam da utilização de madeira de eucaliptos para confeccionar tonéis para armazenar aguardente. Pela importância da utilização de madeira no armazenamento de destilados alcoólicos, o autor decidiu por comentar as pesquisas referidas com o fito de estimular o emprego de madeira de cultivo renovável em tanoaria. Os dois trabalhos abrem caminho para pesquisas futuras, úteis para a produção e comercialização de aguardente, especialmente da produzida em escala de grandes volumes.

Eles são produzidos em destilarias de média e grande capacidade, em aparelhos contínuos (colunas). A bebida comumente designada como aguardente de alambique é obtida por destilação em aparelhos descontínuos. A cachaça de alambique é produzida em todo o território nacional, em instalações de dimensões díspares, a partir de escala doméstica às de média capacidade.

8.2. Armazenamento de aguardente em recipientes de madeira de eucalipto

Qualquer bebida destilada, no momento de sua obtenção, ou seja, ao sair do aparelho de destilação, qualquer que ele seja e quaisquer que tenham sido os cuidados durante a destilação, tem sabor picante, áspero, ardente e seco. O odor é normalmente penetrante, nem sempre agradável e varia de fortemente alcoólico ao de uma mistura de etanol, compostos secundários e os que se formam durante a fermentação, como mercaptanas, sulfetos e outras de identificação imediata mais difícil, e também as matérias pirogenadas formadas durante a destilação.

O armazenamento prolongado em recipientes herméticos, como garrafas de vidro com tampa esmerilhada, não altera significativamente a composição química da bebida e não melhora suas características de qualidade. Tampouco o armazenamento em tanques metálicos ou de fibra. Nos tanques de aço carbono, a qualidade também é afetada pela agressão da bebida ao metal.

Não é conveniente envasar a bebida sem um "descanso" ou "amadurecimento", que lhe confere qualidades organolépticas agradáveis. Esse repouso é tradicionalmente feito em recipientes de madeira. Há real diferença quando a bebida é armazenada em recipiente de madeira.

O armazenamento em recipientes de madeira, mesmo por curto período, contribui para a obtenção de características organolépticas que tornam melhor a aguardente comum. O repouso contribui para melhoria, ainda que não se trate de envelhecimento; melhora a atratividade.

As pesquisas realizadas por Mori *et al.* (2005) e Viégas (2015) indicam boas perspectivas para o futuro do armazenamento de aguardente de cana. Abrem horizontes para o futuro da indústria. É importante conhecer as afirmações e conclusões desses pesquisadores, ainda pouco conhecidas e discutidas.

Mori *et al.* estudaram o comportamento de madeiras de 25 espécies de eucalipto e de algumas essências nativas. Para isso confeccionaram recipientes de 20 litros de cada madeira, encheram com aguardente e os armazenaram por doze meses. Ao fim desse prazo analisaram a bebida e o comportamento da madeira.

Figura 8.1. Barris de eucalipto envasados com cachaça e armazenadas em adegas de 23°C (Reprodução: Viégas, 2015)

O autor deste artigo limita seu comentário aos dados referentes aos obtidos com recipientes de eucalipto.

Após doze meses, as observações de Mori *et al.* revelaram a pouca permeabilidade de algumas espécies ao líquido, atribuída a presença de tiloses, e também baixa estabilidade dimensional de outras, considerada como responsável pela eliminação de vários recipientes no experimento.

Para os executores do experimento, "grande parte da aguardente produzida é envelhecida em barris de carvalho europeu. Eles são de difícil aquisição porque grande parte dos produtores de aguardente reaproveitam barris, que anteriormente foram utilizados para envelhecimento de conhaque e vinhos". "Outra limitação do uso dos barris de carvalho é que não se encontram disponíveis no mercado em distintas capacidades para o armazenamento de aguardente". "Predomina no Brasil a utilização de barris de carvalho para envelhecimento".

É compreensível o reuso dos barris de carvalho. O envelhecimento é feito em recipientes pequenos, os barris têm tamanho adequado e quando estão disponíveis, seu preço é geralmente conveniente.

A observação dos pesquisadores sobre o reuso de barris de carvalho auxilia na compreensão da importância de encontrar madeiras para uso na indústria de aguardente.

Madeiras exóticas obtidas em plantações renováveis poderão constituir matéria-prima certificada para barris usados em pequenas destilarias com garantia de qualidade constante, como as médias e grandes destilarias que empregam tonéis de madeira de grande capacidade. Atualmente ainda se usam tonéis de madeiras nativas, mas em médio prazo não terão madeiras nativas à disposição.

Para este autor, armazenar ou envelhecer aguardente em recipientes de carvalho rouba-lhe a característica de genuína bebida nacional, típica, que os produtores procuram exportar em grande escala.

Mori *et al.* afirmam que "a madeira de eucalipto revela-se viável para confeccionar barris e tonéis". Sua pesquisa e a de Viégas demonstraram a viabilidade do uso de madeiras de várias espécies para armazenar destilado de cana-de -çúcar.

Quando seu uso se concretizar e generalizar, a aguardente não deixará de ser típica, porque o eucalipto, pode se dizer, está naturalizado no Brasil. É madeira do Hemisfério Sul, ao contrário do carvalho, e perfeitamente integrado ao país, onde é explorado em cultivos racionais renováveis em múltiplas latitudes.

Os pesquisadores trabalharam com recipientes de 20 litros em forma miniaturizada de tonéis industriais e, Viégas, com barris de 20 litros, de forma tradicional.

Todos foram cheios com aguardente e armazenados durante 12 meses em local de umidade relativa e temperatura estáveis.

Mori *et al* estudaram 25 espécies de eucaliptos e algumas madeiras nativas, e Viégas apenas 14 espécies de eucaliptos, algumas das quais integraram a lista de Mori *et al.*

As pesquisas de Mori *et al.* e de Viégas foram levadas a efeito em regiões geográficas diferentes e em datas também diferentes; a de Viégas mais de uma década depois da de Mori *et al.*

A pesquisa de Viégas foi desenvolvida unicamente com madeiras de eucalipto. Ela iniciou com 17 espécies cultivadas no país, mas continuou com 14 espécies porque três foram abandonadas por causa de defeitos estruturais nos barris.

O objetivo original da pesquisa era observar o comportamento físico da madeira em contato com a aguardente durante o armazenamento de 12 meses. Em especial, seriam registrados presumíveis defeitos na madeira quanto à resistência ao destilado e ocorrência de fissuras e rachaduras. Verificar a possibilidade de fabricar recipientes de madeira de grandes volumes era, e continua sendo, um objetivo a ser colimado em futuras pesquisas. Outros pesquisadores, ou empresários do ramo, deverão continuar as observações sobre as espécies que se apresentam promissoras. Este objetivo constitui a perspectiva de armazenamento da bebida em grandes tonéis, em lugar de tanques de aço carbono, sem seus defeitos e com vantagens.

A previsão é de que as madeiras serão procedentes de árvores de crescimento rápido e de cultivos racionais renováveis. Essas árvores produzirão, em curto tempo, pranchas de grandes dimensões, para construir economicamente depósitos de muitos metros cúbicos, atualmente inviável com essências florestais autóctones. O projeto original visualizava a construção futura de reservatórios para grandes indústrias e não apenas barris e outros recipientes para envelhecimento de destilado. Para confeccionar um tonel de 400 metros cúbicos são necessárias aduelas de mais de 10 metros de comprimento, e isso parece ser possível com árvores exóticas de menos de 30 anos em reflorestamentos renováveis.

Parece viável.

Esta era a ideia e, quando foi posta em prática, os resultados da pesquisa mostraram que a proposta pode ser mais ampla e levar a novas perspectivas de comercialização de bebida de boa qualidade.

As espécies de eucaliptos usadas nos experimentos de Mori *et al.* e de Viégas, estão indicadas a seguir:

Espécies de eucaliptos no experimento de Mori *et al.*:

1 - *Eucalyptus citriododra*; **2** - *E. cloeziana*; **3** - *E. maculata*; **4** - *E. microcorys*; **5** - *E. paniculata*; **6** - *E. phaeotricha*; **7** - *E. urophylla*; **8** - *E. pilularis*; **9** - *E. resinífera*; **10** - *E. saligna*; **11** - *E. tereticornis*; **12** - *E.torellana*; **13** - *E. punctata*; **14** - *E. exserta*; **15** - *E. rudio*; **16** - *E. sideropholia*; **17** - *E. henuphloia*; **18** - *E. melanophloia*; **19** - *E. tradryphloia*; **20** - *E. nesophylla*; **21** - *E.grandis*; **22** - *E. camaldulensis*; **23** - *E. robusta*; **24** - *E. dunii*; **25** - *E. deanei*.

Espécies de eucaliptos no experimento de Viégas, E.K.D.:

1 - *Eucalyptus citriodora*; **2** - *E. cloeziana*; **3** - *E. maculata*; **4** - *E. microcorys*; **5** - *E. paniculata*; **6** - *E. phaeotricha*; **7** - *E. urophylla*; **8** - *E. pilularis*; **9** - *E. resinífera*; **10** - *E. saligna*; **11** - *E. tereticornis*; **12** - *E. torellana*; **13** - *E. pellita*; **14** - *E. pyrocarpa*.

Espécies no experimento de Mori *et al.*		**Espécies no experimento de Viégas, E.K.D.**
01 - *Eucalyptus citriododra*		01 - *Eucalyptus citriodora*
02 - *E. cloeziana*		02 - *E. cloeziana*
03 - *E. maculata*		03 - *E. maculata*
04 - *E. microcorys*		04 - *E. microcorys*
05 - *E. paniculata*		05 - *E. paniculata*
06 - *E. phaeotricha*		06 - *E. phaeotricha*
07 - *E. urophylla*		07 - *E. urophylla*
08 - *E. pilularis*		08 - *E. pilularis*
09 - *E. resinífera*		09 - *E. resinífera*
10 - *E. saligna*		10 - *E. saligna*
11 - *E. tereticornis*		11 - *E. tereticornis*
12 - *E.torellana*		12 - *E. torellana*
13 - *E. punctata*		13 - *E. pellita*
14 - *E. exserta*		14 - *E. pyrocarpa*
15 - *E. rudio*		
16 - *E. sideropholia*		
17 - *E. henuphloia*		
18 - *E. melanophloia*		
19 - *E. tradryphloia*		
20 - *E. nesophylla*		
21 - *E. grandis*		
22 - *E. camaldulensis*		
23 - *E. robusta*		
24 - *E. dunii*		
25 - *E. deanei*		

8.3. Conclusões sobre o armazenamento de aguardente em madeiras de eucaliptos

As conclusões dos experimentos sobre armazenamento de destilado alcoólico em recipientes feitos com madeiras de eucaliptos foram extraídas dos trabalhos originais dos pesquisadores, altamente capacitados.

Conclusões de Mori *et al.*

Segundo Mori *et al.* "as madeiras de eucaliptos, de essências nativas e de carvalho, são analiticamente semelhantes em relação a polissacarídeos e lignina e diferem quanto ao teor de extrativos, mais altos do que em carvalho". O texto não deixa claro se recipientes de carvalho participaram do experimento, ou se a afirmação se baseia em dados bibliográficos.

Os recipientes de eucaliptos apresentaram menos permeabilidade a líquidos devido à existência de tilose.

Algumas madeiras de eucaliptos apresentaram alta instabilidade dimensional, que levou ao descarte de recipientes com armazenamento de aguardente. A aguardente armazenada nos recipientes feitos com madeiras de diferentes espécies de eucalipto formou extratos de cores diferentes, em gama com amostras de pouca coloração e outras de grande intensidade, que poderão vir a influenciar na comercialização.

A aguardente armazenada nos recipientes feitos com madeiras de diferentes espécies de eucalipto foram consideradas de acordo com as leis vigentes do país.

Conclusões de Viégas

Viégas, que só trabalhou com madeiras de eucalipto, teceu considerações positivas e individualizadas sobre seu trabalho, como seguem:

- A aguardente armazenada por doze meses em barris de *Eucalyptus citriodora* acusou perda de 2,2% no grau alcoólico, a menor dentre todas as espécies pesquisadas;
- A madeira dos barris de *E. resinífera* reteve 66% do teor de cobre contido na aguardente armazenada por doze meses;
- A aguardente armazenada em barris de *E. microcorys* acusou o mais baixo teor de acidez volátil (10,12 mg por 100 mL de álcool anidro) ao final do experimento;
- A aguardente armazenada em barris de *E. phaeotricha* acusou o mais alto teor de componentes fenólicos totais, correspondentes a 88,32 mg por 100 mL de álcool anidro. Em seis meses a bebida acumulou mais desses componentes do que todas as outras amostras;
- Ao confeccionar os barris, as madeiras do gênero *Eucalyptus* apresentaram aptidão para tanoaria, com destaque para oito espécies: *E. citriodora, E.macrocorys, E. pilularis, E. pyrocarpa, E. resinífera, E. saligna, E. tereticorns* e *E. phaaeotricha;*

- Quanto à coloração, a bebida armazenada nos barris apresentou variação, em gama semelhante à observada no experimento de Mori *et al.*, de coloração muito escura a de pequena intensidade de cor. Esse fenômeno facilita a preparação de misturas com diferentes destilados e padrões de coloração, o que pode influir na comercialização.

Oito espécies se destacaram na pesquisa de Viégas, mas a escolha dentre elas para confecção de barris requer também considerar fatores como o custo da madeira e a facilidade de obtenção.

As observações da autora são fundamentais para estabelecer um empreendimento, além da conservação da qualidade organoléptica intrínseca da bebida produzida sob cuidadosa orientação tecnológica.

8.4. Considerações finais sobre os resultados das observações

Do que foi exposto, extrai-se uma conclusão auspiciosa para a indústria da aguardente de cana-de-açúcar, qual seja o encontro de madeiras que podem tomar o lugar das autóctones tradicionalmente empregadas para o armazenamento de aguardente.

Pesquisadores em duas regiões geográficas, e em datas distantes uma de outra, observaram que madeiras do gênero *Eucaliptus* podem substituir com sucesso as madeiras nativas do Brasil, tradicionalmente usadas para confeccionar barris e tonéis de armazenamento da bebida. Os resultados das pesquisas realizadas no século XXI ainda são pouco conhecidos e divulgados.

8.5. Considerações gerais

Do que foi comentado e dos resultados das investigações desenvolvidas por pesquisadores competentes, é possível afirmar que se está em face de nova tecnologia, capaz de contribuir para novos rumos na indústria de destilados de cana, com variadas e benéficas ações.

A modificação do padrão de madeira para armazenamento e envelhecimento da aguardente demandará tempo, até que um produtor ou um comerciante aceite a ideia e se disponha a encomendar o primeiro tonel experimental de armazenamento de aguardente. O autor pensa em um tonel experimental de 10 a 20 metros cúbicos, pioneiro, confeccionado com madeira de uma das oito espécies indicada por Viégas, com destaque para *Eucalyptus phaeotricha*.

Entretanto, esse momento poderá ser antecipado se pesquisadores de universidades ou outras entidades de pesquisa se interessarem e desenvolverem investigações próprias. Realmente é o que se espera. Esse ponto será o início das reais observações sobrea aplicabilidade da madeira de eucalipto para o uso definitivo.

Os horizontes para pesquisa são muitos e amplos. Podem começar por instalar plantações racionais, de onde serão retiradas as madeiras em um ponto ótimo de desenvolvimento. Serão registrados o DAP e idade, que estabelecerão os parâmetros dimensionais para construção de um tonel de determinado volume. Isto será útil quando se quiser adquirir outros tonéis com as mesmas características. Será uma novidade para a tanoaria, poder em qualquer tempo, dispor de madeiras de mesma idade e desenvolvimento, certificadas, provenientes de plantações racionais renováveis e com rastreabilidade.

Os produtores da bebida também se beneficiarão, pois terão meios adequados para padronizar sua bebida com o mesmo tipo de madeira usada continuamente com as mesmas características em safras continuadas.

ARMAZENAMENTO E ENVELHECIMENTO DA AGUARDENTE DE CANA-DE-AÇÚCAR

9

9.1. Armazenamento

Armazenamento e envelhecimento de aguardente de cana não são a mesma coisa, mas estão ligados um ao outro. Não há definição específica e precisa para cada uma das expressões.

Armazenamento é a contenção de algo para fazer reserva e usar posteriormente. Com relação à aguardente é um período entre a destilação e a distribuição aos consumidores. Ele contribui para a estabilização da bebida e a eliminação das más características organolépticas do destilado recente. A aguardente que deixa o aparelho de destilação, qualquer que ele seja, apresenta sabor picante, áspero, ardente e seco. O odor é normalmente penetrante, nem sempre agradável e varia de fortemente alcoólico a uma mistura de etanol, compostos secundários e outros que se formam durante a fermentação do caldo da cana e sua destilação depois de fermentado. No linguajar das destilarias, o caldo fermentado é comumente conhecido como vinho.

Armazenamento da aguardente é a coleta e retenção do destilado obtido de um vinho de caldo de cana-de-açúcar em alambiques ou em aparelhos de destilação contínua. A obtenção em alambique consiste em destilar uma carga do vinho no alambique, depois outra e outra e seu recolhimento em um depósito. A sobreposição das cargas causa agitação e mistura; agita e contribui para diminuir e/ou eliminar algumas das más características do destilado recente. Isso ocorre também com o corrimento contínuo de destilado das colunas de destilação.

O armazenamento em recipientes de madeira melhora as características de qualidades do destilado recente, mesmo com pouco tempo de residência.

9.2. Envelhecimento

Envelhecimento é a transformação, pela qual, algo vivente ou não, passa no decorrer do tempo, em geral com decadência ou empobrecimento da qualidade. Esta definição não se aplica às bebidas alcoólicas, destiladas e não destiladas, porque a elas o envelhecimento não causa decadência, mas, ao contrário, incrementa sua qualidade. O armazenamento é normalmente uma retenção por curto e variável período de tempo, enquanto o envelhecimento é efetuado em período muito longo e normalmente por tempo determinado.

Tanto o armazenamento como o envelhecimento são feitos em recipientes de madeira. Majoritariamente, é composta de celulose, hemicelulose e lignina, que constitue sua estrutura física. Polissacarídeos, taninos, matérias corantes, aromáticas e outras, em pequenas proporções em relação ao todo, completam a composição e fixam as características da espécie vegetal. As madeiras contêm elementos (tiloses) que causam obstrução nos vasos e impermeabilidade e/ou poros que favorecem permeabilidade. São particularidades importantes em seu uso na contenção de líquidos, no caso um destilado alcoólico.

9.3. Efeito do armazenamento

A legislação brasileira não se ocupa do armazenamento da aguardente, mas sim do envelhecimento. No entanto, o armazenamento merece um comentário especial, porque o maior volume da bebida vendido diário é o de destilado armazenado e não envelhecido. É a aguardente denominada de comum, de preço mais acessível e, portanto, do mais amplo consumo.

O armazenamento é o destino imediato após a destilação; é intermediário, por períodos variáveis, entre obtenção da aguardente e sua venda. Ele permite a oferta de bebida de boa qualidade organoléptica, se obtida de um mosto bem preparado, corrigido e sem contaminações. Ela é naturalmente de boa qualidade e o armazenamento, ainda que por curto período, a enriquece com extrato da madeira, que lhe transmite cor, aroma e sabor.

Se o mosto não tem bom preparo e é contaminado, a aguardente produzida é acompanhada de defeitos, tais como acidez elevada, presença de sulfetos e mercaptanas. O armazenamento melhora a aparência da bebida e contribui para disfarçar os defeitos sem os eliminar.

O armazenamento em tonéis de madeira afeta a composição e a aparência do destilado alcoólico, mas por períodos curtos e variáveis, devido à condição de intermediário entre fabricação e venda, sujeito às naturais operações de mercado.

O armazenamento altera a cor, o aroma e o sabor, de acordo com o tempo de residência, espécie da madeira, tamanho do recipiente. Ele afeta o peso específico e os teores de álcool, extrato, ésteres, acidez, álcoois superiores, aldeídos, furfurol e o coeficiente de impurezas. A permeabilidade da madeira permite trocas gasosas que favorecem reações químicas entre os componentes do destilado e sua qualidade. Cada espécie vegetal imprime suas particularidades sensoriais ao destilado. Esses fenômenos, que são fundamentais para a boa qualidade da bebida, não ocorrem em destilado armazenado em tanques de aço carbono.

As particularidades descritas para o armazenamento em recipientes de madeira ocorrem na aguardente destinada a envelhecer, porém em maior intensidade pelo mais longo tempo de contenção com a madeira do recipiente. Madeira e o líquido são os mesmos; o tempo difere e é muito longo.

Para resguardar a qualidade sensorial característica das aguardentes, tradicional desde as centenas de anos da indústria no país, confirma-se a importância do uso da madeira. Presentemente, a falta de madeira nativa em abundância destaca a necessidade de encontrar e usar madeiras substitutas para as autóctones de emprego secular. Os estudos bem-sucedidos com os experimentos de uso de madeiras exóticas abrem perspectivas positivas para a construção de tonéis. Desde que a espécie apresente crescimento rápido e aquisição sustentável, torna-se potencial. Os eucaliptos são fortes candidatos. Os primeiros experimentos desvendam horizontes altamente favoráveis às práticas futuras de armazenamento e envelhecimento.

9.4. Efeito do envelhecimento

A fermentação do caldo de canas maduras, limpas, não queimadas, com temperatura corrigida, complementado com nutrientes, isento de sujidades e submetido à ação de fermento bem preparado, leva à obtenção de um vinho com bons aroma e paladar. Destilado em aparelho limpo, com controle adequado de calor e velocidade o produto obtido terá bom equilíbrio de componentes secundários, alto rendimento e bom aroma. A qualidade da bebida destilada depende também das condições da higiene da fábrica (chão, maquinaria, tubulações, tanques, bombas, instrumentos e outros), fermento bem preparado e sadio, supervisão e controle severo e permanente da fermentação isenta de infecções, e destilação em aparelhos meticulosamente limpos.

A obediência a estes quesitos conduz sempre à obtenção de destilados de boa qualidade, mas não é esse o cenário generalizado nas destilarias no país. Há muitas falhas nesses requisitos, em grande parte devido ao desconhecimento técnico das operações de fermentação e destilação e pouca atenção ao fato de que, a boa fermentação aliada à cuidadosa destilação, é o que conduz à obtenção de boa bebida.

As características de qualquer aguardente mudam com seu envelhecimento. Se tiver boa qualidade originalmente, porque sua obtenção seguiu os preceitos descritos, o envelhecimento a tornará superior, excelente.

Se, ao contrário, for obtida em fabricação com falhas em requisitos técnicos citados, o envelhecimento pode melhorar sua qualidade aparente, mas sem atingir grau de excelência. Suas características serão as de um destilado originado de um mosto mal preparado e provavelmente contaminado. A aguardente obtida conserva os defeitos, tais como excesso de acidez e produtos derivados de má condução da destilação.

Afirmar que o envelhecimento corrige os defeitos da bebida originados na fermentação e/ou na destilação, é um equívoco aceito como verdade.

A presença de mercaptanas, de sulfetos, de excesso de acidez, ácidos orgânicos decorrentes de infecções microbianas são defeitos pela fermentação. Excesso de carbamato de etila, desequilíbrio nos componentes secundários e substâncias pirogenadas decorrem de destilação defeituosa dos vinhos.

Feita a destilação, os defeitos da fabricação passam a fazer parte do destilado. Este, envelhecido em recipientes de madeira, adquire taninos, substâncias corantes, aromáticas e outras que compõem o extrato alcoólico.

Os sulfetos e mercaptanas podem ser eliminados da aguardente por movimentação ou agitação e por sua volatilidade, ou sequestrados por corpos de cobre, mas os residuais dissolvidos, derivados de ácidos formados por contaminações se mantêm na bebida e não são eliminados com o envelhecimento.

Também, o carbamato de etila, o excesso de álcoois superiores formados em destilação com excesso de aquecimento, e outros. Eles permanecem na bebida envelhecida, porém mascarados pelos produtos que se formam durante o processo, ou seja, componentes organolépticos agregados pelo longo período de repouso no recipiente de madeira. O envelhecimento disfarça os defeitos, mas não os corrige.

Os defeitos permanecem, mas despercebidos em análise sensorial, porque estão mascarados pelos produtos do envelhecimento. Estes causam modificações de cor, aroma e paladar por reações químicas entre seus componentes e pelo acréscimo dos extrativos da madeira do recipiente. Uma análise química pode revelá-los.

O armazenamento não deve ser confundido com envelhecimento, embora o envelhecimento de uma bebida dependa sempre de armazenamento. Este, simplesmente citado, significa estocar, guardar, para uso posterior, porém precisa ser executado de maneira a manter a qualidade intrínseca do destilado e melhorá-lo, tanto quanto possível.

Os efeitos do envelhecimento se manifestam de diferentes maneiras:

01. Cor

Armazenadas em contato com madeira, as aguardentes mudam de cor mais intensamente durante o envelhecimento; o material vegetal é rico em matérias extrativas, que se solubilizam no líquido alcoólico e lhe conferem cor. Esta varia de acordo com a natureza da madeira e o tempo de contato entre eles.

No Brasil, há grande diversidade de espécies de madeira em uso para a confecção dos recipientes, cada uma com características corantes específicas e capacidade de colorir o destilado. Há as espécies que colorem quase imperceptivelmente e outras muito intensamente. É ampla a gama de cores que pode ser útil na tentativa de tipificar aguardentes.

02. Redução de volume

Nos recipientes de madeira ao natural (sem revestimento) há troca gasosa, permeabilidade do líquido alcoólico e sua evaporação em maior ou menor intensidade, de acordo com a natureza da madeira. A prática de pintar externamente os recipientes, às vezes por razão estética, reduz a permeabilidade e a evaporação e outras transformações da bebida que contribuem para sua boa qualidade.

A redução do volume da bebida depende da porosidade da madeira, da capacidade do recipiente, de sua forma, da perfeição de sua construção, de seu estado de conservação, da espessura das aduelas, das condições higrométrica e de temperatura do local, existência de abrigo e exposição às intempéries e ao Sol em particular. Condições de iluminação, umidade relativa e temperatura estáveis são importantes para o envelhecimento.

A existência de tiloses e a porosidade são fatores importantes na regulação do volume de destilado, dependentes da espécie vegetal.

A porosidade é responsável pela permeabilidade do líquido para o exterior e pelas entradas de ar no recipiente, o que colabora com reações químicas favoráveis ao envelhecimento.

O volume do recipiente influi na rapidez do processo; no de pequena capacidade, o destilado envelhece em menos tempo porque oferece maior área de exposição em relação ao conteúdo de líquido do que em grande recipiente e, em consequência, maior atividade de oxidação. No entanto, é possível envelhecer em recipientes de grande capacidade, com bons resultados.

Nos países que produzem outras bebidas destiladas, o armazenamento é feito em recipientes de 100 a 500 litros, com predominância dos de 250 litros aproximadamente, fáceis de manusear. Os recipientes resistem bem ao manuseio e permitem a comercialização nos próprios barris, incluindo a exportação.

A espessura das aduelas influi na retenção do destilado. Quanto mais finas facilitam o contato do ar com o destilado, mas favorece a evaporação, com consequência para a economia do processo.

03. Extrato

Extrato é o resíduo que fica em um recipiente que continha aguardente, depois que ela é totalmente evaporada.

Por aquecimento, água, álcool, ésteres, aldeídos, ácidos, álcoois superiores e furfurol são eliminados por evaporação e restam os sólidos que estavam dissolvidos, isto é, açúcares, adoçantes e extrato da madeira, que contém corantes e resíduos minerais.

O contato do destilado com a madeira promove a extração de matérias corantes, tanino, componentes de sabor e aroma que em excesso podem prejudicar suas qualidades organolépticas.

As aguardentes recém-destiladas não apresentam nenhum ou pouco extrato, que pode ser proveniente de arraste do aparelho de destilação. As envelhecidas apresentam extrato relacionado com intensidade da cor, mas não diretamente proporcional ao tempo de envelhecimento. São normalmente consideradas ótimas as envelhecidas em tonéis de madeira, que apresentam 4 g de extrato por litro da bebida. No entanto, é normal e comum encontrar valores inferiores em aguardentes armazenadas nesses recipientes por mais de 10 anos porque o extrato depende do conteúdo de matérias extrativas da madeira e explica porque o vasilhame novo propicia maior teor de extrato.

O teor de extrato é um meio de distinguir entre uma aguardente e um álcool industrial desdobrado. Entretanto, se o álcool diluído for adicionado de matérias estranhas solúveis, tais como bonificadores do tipo caramelo e extrato de madeira, constitui uma fraude de difícil distinção de verdadeira aguardente envelhecida.

Os tonéis novos, antes de serem destinados ao envelhecimento de destilados, devem ser lavados com água acidulada (exemplo: solução N ou 0,5 N de ácido clorídrico), água fervente e submetido a vapor fluente, ou usados para armazenamento temporário de um destilado forte. Esses tratamentos eliminam ou reduzem o conteúdo de materiais que comunicam cor exagerada, sabor amargo e outras características indesejáveis ou estranhas.

Depois de certo tempo de uso, a capacidade de envelhecimento da madeira diminui e talvez se esgote. Não foram encontrados registros de pesquisa sobre o tempo útil de cada madeira. Cada uma deve ter seu tempo específico de uso econômico. Este assunto é estimulante para pesquisadores.

O autor tem conhecimento da existência de uma destilaria que possui um tonel que recebe aguardente para armazenamento há 66 anos nesta data de 2022, para o qual não há informações sobre o conteúdo, nem de suas condições físicas de conservação e emprego continuado.

Reconhece-se que é uma investigação cara e demorada, que exige imobilização de recursos elevada, mas é um assunto inigualável para investigação. Além de cara, exige décadas de observação. Os resultados serão contabilizados em dezenas de dissertações, teses e sem número de contribuições relevantes às indústrias. Um recipiente esgotado em sua capacidade de envelhecer destilado passa a ser usado para armazenamento de outros líquidos.

Não são todas as madeiras que possuem indistintamente características para o envelhecimento de destilados.

Carvalho (*Quercus* sp), usado universalmente possui porosidade e transfere cor e extrato, mas nem todas as espécies de carvalho são adequadas. No Brasil, as destilarias ainda são equipadas com vasilhame confeccionado com madeiras de essências nativas, muitas com proteção legal contra extinção. Algumas como exemplo: Araruva ou Araribá (*Centrolobium tomentosum*), Jequitibá Rosa (*legalis*), Pereira, Cabreúva ou Bálsamo (*Myroxy peruiferum*), Amendoim (*Pterogyne nitens*), Ipês amarelo e roxo (*Tabebuia* sp.), Freijó (*Cordia goeldiana*), Louro Pardo (Freijó) (*Cordia tricholoma*) e outras que apresentam dureza, porosidade, durabilidade e capacidade de ceder extrato sem prejudicar sabor e aroma do destilado.

Há tonéis feitos com madeira conhecida por Pereira, ou Pereiro, que por falta de melhor identificação supõe-se pertencer às espécies *Platycyanus regnellii* Benth, *Aspidosperma subincamum* Mart ou *Aspidosperma macrocarpon* Mart.

Em alguns locais é uso mergulhar sementes de Imburana (Amburana), pedaços de Sassafrás ou de outra madeira aromática. Aguardente armazenada em tonel de média capacidade confeccionado totalmente com madeira de Imburana adquiriu fortes, persistentes e agradáveis características de aroma e sabor da madeira do recipiente, mais intensos do que os transmitidos pelas sementes imersas no destilado.

Os recipientes de madeira não devem ficar expostos ao Sol. Os armazéns que os abrigam devem ser ventilados, porém, não em excesso; neles deve ser mantido um estado higrométrico equilibrado, nem úmido nem seco em demasia, que permita permeabilidade do destilado e a entrada de ar em condições que permitam evaporação sem excesso, nem crescimento de bolores à superfície dos toneis.

04. Alteração do teor de álcool no destilado

O volume de destilado diminui porque ele evapora através dos poros da madeira dos barris ou tonéis; além da redução do volume, a mistura hidroalcoólica enfraquece pela perda de álcool.

O enfraquecimento e a redução do volume do destilado armazenado é influenciado pela ventilação, temperatura e umidade relativa do ambiente onde está o vasilhame para envelhecimento.

As aguardentes destinadas ao envelhecimento devem ter graduação alcoólica de 54% ou pouco mais, superior ao da bebida engarrafada para compensar a redução da graduação alcoólica. O produtor deve procurar manter o teor alcoólico ao redor de 50%, como margem para corrigir o teor segundo seu padrão de comercialização. É possível que sejam feitos atestos, que não prejudicarão a qualidade, desde que feitos com destilado de elevada qualidade.

Não há como fixar valores rígidos para indicar a intensidade da evaporação do álcool, da água ou de sua mistura, uma vez que a redução do volume e da graduação alcoólica dependem da natureza do destilado, das características do vasilhame e das condições ambientais.

05. Peso específico

A densidade relativa da mistura de água e álcool que constitui a aguardente, depende dos teores relativos da água, do álcool, mais o do coeficiente de componentes secundários. Em uma aguardente envelhecida, sólidos em solução influem no peso específico, tais como matérias minerais, corantes e formadoras de aroma, que constituem o extrato da bebida, pela lenta dissolução dos componentes da madeira dos recipientes. Sua concentração é maior quanto mais longo for o período de envelhecimento. Se a eles se acrescentar caramelo, o peso específico será mais afetado.

A graduação alcoólica da aguardente diminui com o envelhecimento, a cor torna-se mais intensa e o peso especifico aumenta e confirma a menor concentração em etanol.

06. Acidez

A acidez total de uma aguardente eleva-se durante o período de envelhecimento por elevação do teor de ácido acético, por oxidação sem o concurso de bactérias acéticas.

Os dados da Tabela 9.1 confirmam o dito na primeira aguardente denominada de um ano.

Tabela 9.1 Teor de acidez em aguardentes novas e velhas

Idade em anos	Acidez Total	Acidez Fixa	Acidez Volátil
13	66,00	17,59	48,41
12	34,52	14,42	22,10
10	21,12	6,42	14,70
9	18,26	4,74	13,52
1*	83,60	14,96	68,63
Menos de 1 ano	17,72	4,04	13,67
Velha**	98,40	34,29	64,11

Fonte: ALMEIDA *et al.*, 1947
*Aguardente artificialmente envelhecida por adição de extrato de carvalho
**Aguardente com idade não definida

07. Ésteres

Com o envelhecimento, os destilados adquirem teor mais elevado de ésteres e, consequentemente, aroma mais agradável. Considera-se que são os principais responsáveis pelo buquê dos destilados.

Também, admite-se que o aumento da acidez favorece a esterificação, por efeito da ação de ácidos sobre os álcoois.

Os dados da Tabela 9.2 mostram que o envelhecimento artificial (adição de ácido) não influenciou o teor de ésteres, que foi mais alto na aguardente de menos de um ano.

O arejamento da aguardente influencia positivamente a qualidade do destilado, pois aumenta o teor de ésteres.

Tabela 9.2 Teor de ésteres em aguardentes novas e velhas

	Ésteres	
Idade em anos	mg/100 mL da bebida	mg/100 mL do álcool puro
13	111,54	311,84
12	127,09	326,55
10	56,86	143,54
9	46,8	104,25
1*	36,46	69,54
Menos de 1 ano	45,23	85,99
Velha**	42,56	389,18

Fonte: ALMEIDA *et al.*, 1947
*Aguardente artificialmente envelhecida por adição de extrato de carvalho
**Aguardente com idade não definida

A volatilidade dos ésteres é variável entre limites amplos; sua temperatura de ebulição varia entre 140°C e 180°C, o que faz entender porque a técnica de destilação influi na qualidade.

Admite-se que a diferença no teor de ésteres entre as aguardentes se deve à saponificação parcial dos mais aromáticos durante destilação em temperatura elevada. Os menos aromáticos, menos voláteis e mais estáveis passam para o destilado.

Nas destilações lentas, executadas com menos quantidade de calor do que nas destilações rápidas, o destilado apresenta mais ésteres, o que sugere que a afirmação anterior é verdadeira. As aguardentes que acusam maior riqueza em ésteres são as mais ácidas.

08. Álcoois superiores

A presença de álcoois superiores em aguardente é normal e seu teor é elevado, sobretudo quando o produto é obtido em alambiques, sem separação de frações.

O conteúdo de álcoois superiores pode ser reduzido com a prática da separação de caudas, pois é no intervalo de 45 a 50 % de álcool em volume na destilação, que é maior sua passagem para o destilado.

A técnica de destilar é fator importante nas destilações lentas. Com menor aplicação de calor originam-se destilados mais pobres em álcoois superiores.

O teor deles não se altera muito com o envelhecimento, mas pode haver ligeiro aumento, relacionado com redução da graduação alcoólica durante a retenção do destilado no recipiente.

A natureza dos vinhos exerce influência na proporção de álcoois superiores nas aguardentes; vinhos gerados por fermentação de mostos bem corrigidos e tratados, fermentados com fermentos bem preparados e bem cuidados, conduzem à obtenção de destilados com menos álcoois superiores. Uma boa fermentação aliada a uma boa técnica de destilação reduz o teor de componentes secundários do destilado, incluindo os álcoois superiores.

09. Aldeídos

Produtos intermediários na formação de ácidos são componentes das cabeças dos destilados. Normalmente seu teor é elevado em aguardentes destiladas em alambiques sem separação das cabeças. Destilação lenta contribui para sua redução no destilado.

Durante o envelhecimento seu teor eleva-se porque são produtos intermediários do álcool, mas sua elevação não obedece a uma proporcionalidade definida.

10. Furfurol

Furfurol, furfural ou aldeído piromúcico é um produto de pirogenação pela queima de material orgânico depositado no fundo das caldeiras dos alambiques aquecidos a fogo direto. Constituído principalmente de células de leveduras, o teor de furfurol no destilado varia de acordo com a quantidade desse material no vinho, e da intensidade do fogo para destilar. Nos aparelhos aquecidos a vapor, o teor de furfurol é baixo ou às vezes desprezível, mas depende dos mesmos fatores que afetam a produção de outros componentes secundários.

11. Coeficiente de impurezas

Também denominado de coeficiente de produtos secundários, de coeficiente de impurezas voláteis e de coeficiente não álcool das aguardentes, é a somatória dos teores de todos os componentes formados durante a fermentação e a destilação dos vinhos. Eles são representados pelos ácidos, ésteres, álcoois superiores e aldeídos. Embora estejam presentes em mínima quantidade quando comparados com o teor do álcool etílico, contribuem para a formação das características organolépticas das aguardentes. Nos destilados seu teor é muito variável e depende da composição dos mostos, de sua correção, da pureza da fermentação e da técnica da destilação, independentemente do tipo de aparelho usado.

9.5. Execução do envelhecimento da aguardente

Não foram encontradas publicações técnicas para orientar como executar o envelhecimento de aguardente de cana-de-açúcar.

De maneira geral e simplista, o envelhecimento consiste em encher um recipiente de madeira com aguardente e armazená-lo por um ano pelo menos. De acordo com a legislação, o repouso por mais tempo, dois ou três por exemplo, conduz a melhor resultado.

O exemplo mais simples de envelhecimento é o de encher um barril com aguardente e o guardar pelo menos um ano em local de iluminação moderada, seco, ventilado, mas não demais, com temperatura e umidade relativa estáveis.

Os pequenos e médios fabricantes de aguardente podem agir de maneira semelhante, com maior número de recipientes. No Sudeste não há ampla divulgação sobre a existência de engenhos, destilarias ou estabelecimentos independentes que se dediquem ao negócio de envelhecimento de aguardente de cana.

É compreensível, porque instalar um setor de envelhecimento de destilado exige imobilização de capital vultoso e de retorno demorado, que inclui longo período de inatividade comercial até a formação de estoques comerciáveis.

Para organizar o setor, o investidor precisa de amplos locais que permitam ampliações sucessivas. Satisfeito esse pormenor, alguns recipientes devem ser adquiridos e instalados adequadamente sob custo inicial imobilizado por três anos para formar o primeiro estoque comerciável. Ao final de um ano deve ser iniciado o segundo estoque, com custo somado ao do primeiro estoque. Somam-se os custos da imobilização de dois estoques e da manutenção.

É o momento de iniciar o terceiro estoque, com as mesmas exigências dos anteriores e igual imobilização de capital e custos.

Ao final da obtenção do terceiro estoque existe aguardente envelhecida com três anos de tonel, que pode iniciar o lento retorno do capital investido. O preço de venda da aguardente será elevado, mas o capital imobilizado retornará lentamente.

A legislação recomenda que a aguardente deve ser envelhecida em recipientes de madeira pelo menos um ano, mas que a extensão do tempo confere características superiores.

A redução legal do tempo para um ano de contenção, reduz o custo da imobilização de capital, porém o retorno continua lento, e confirma que o envelhecimento não é empreendimento para um ou dois anos e sim, para gerações. Ele exige persistência e tenacidade para alcançar continuidade e tradicionalidade. Envelhecimento é como a semente de grande árvore: germina e cresce ao longo de anos até tornar-se centenária.

A produção de aguardente acelerou a partir dos anos 1950, cresceu e deu ensejo ao nascimento das indústrias de engarrafamento e comercialização em larga escala pelo país. Não houve interesse pelo envelhecimento, que há relativamente poucos anos atraiu a atenção de pesquisadores, pela sua importância.

Esta se destaca entre fabricantes de uma região do Norte do país, zelosos pela qualidade de seu produto e por fabricantes de outra região, empenhados em desenvolver técnicas de produção para ganhar e ampliar seus projetos no mercado de exportação.

Há grande consumo de aguardente comum no país, que alcança o grande público, membros da alta política e personalidades de altas posses. Entretanto, ela é preterida em reuniões formais em benefício do destilado saxão. Sabor e aroma são diferentes, mas de graduação alcoólica semelhante; envelhecida adequadamente, possui características peculiares, agradáveis como outros destilados famosos.

Em geral, o fabricante escolhe um lote da bebida que reputa de boa qualidade, armazena-a em barris de 250 a 500 litros, ou em tonéis até 700 litros e a deixa em repouso estático, sem fixação de tempo. Quando a coloca à disposição dos consumidores, informa há quanto tempo está no tonel e a espécie da madeira. É comum que essa apresentação não se repita por falta de continuidade do investimento.

O país é muito grande, a pinga é feita por toda parte e largamente consumida. Os tonéis de contenção são feitos com grande variedade de espécies nativas. A diversidade será um complicador quando as espécies tradicionais não estiverem disponíveis. Sua substituição por espécies de cultivo racional e renovável constitui a perspectiva futura.

O envelhecimento agrega valor ao produto, mas para ter sucesso comercial tem de ser desenvolvido com profissionalismo industrial e comercial contínuo, ao longo de décadas. É tarefa exigente, conhecida dos fabricantes que se esforçam há muito para criar um fluxo contínuo e crescente de exportação de aguardente, semelhante à importação de destilados clássicos conhecidos.

Cada fabricante deve ter em mente que envelhecer é investimento de longo termo, que requer meticulosa atenção e persistência. Não é projeto para um ou dois anos, mas projeto de gerações. Não é atividade para envelhecer, vender com lucro e encerrar. É um equívoco comum.

O produtor precisa planejar a operação e a ampliação progressiva de seu negócio, vendendo exclusivamente o lote que envelheceu e esperando pacientemente pelo tempo de residência de novo lote. O envelhecimento é processo lento, mas é assim que se formaram os nomes de famosas empresas de bebidas clássicas centenárias.

Há exemplos deste tipo no Brasil, mas há também dos que envelheceram pacientemente sua produção por alguns anos e, tendo visto seus ganhos aumentarem com o processo, venderam o estoque e não criaram raízes.

A legislação estimula a redução do prazo de envelhecimento quando admite o período mínimo de um ano para a operação. Entretanto, diminui a importância do investimento ao aceitar como aguardente envelhecida, um destilado com 50% de aguardente envelhecida, ou seja, aguardente envelhecida diluída com 50% de outra qualquer. Porém, destaca que a retenção da aguardente por até três anos lhe confere qualidade superior. Há ambiguidade prejudicial. A aguardente envelhecida tem de ser 100% envelhecida.

Esses fatos alertam para a necessidade de um ordenamento técnico para obter bebida de alta qualidade, padronizada e de características sensoriais definidas e estáveis, isto é, permanentes e imutáveis ao longo do tempo.

Não há norma quanto à característica da madeira. Se ela é de uma espécie nativa, os recipientes deverão ser todos da mesma espécie ao longo da vida da empresa. Ao longo do envelhecimento, uma madeira poderá ser mais velha e de desenvolvimento diferente da madeira dos tonéis anteriores. Haverá variação individual, mas não de espécie, o que se entende ser natural.

O envelhecimento não é tarefa temporária, mas realização para profissionais convictos de sua importância, construída para gerações. Persistência e dedicação foram as bases que deram origem a marcas internacionais centenárias. Um empreendimento desse tipo tem de iniciar com a fabricação de um destilado produzido com a orientação dos quesitos já descritos e que devem ser repetidos à exaustão, como corolários:

> *A fermentação do caldo de canas maduras, limpas, não queimadas, com temperatura corrigida, complementado com nutrientes, isento de sujidades e submetido à ação de fermento bem preparado, leva à obtenção de um vinho com bons aroma e paladar.*
> *Destilado em aparelho limpo, com controle adequado de calor e velocidade, o produto obtido terá bom equilíbrio de componentes secundários, alto rendimento e bom aroma.*
> *A qualidade da bebida destilada depende também das condições da higiene da fábrica (chão, maquinaria, tubulações, tanques, bombas, instrumentos e outros), fermento bem preparado e sadio, supervisão e controle severo e permanente da fermentação isenta de infecções, e destilação em aparelhos meticulosamente limpos.*

O envelhecimento deve ser planejado em detalhes. Inicia pela existência de um local provido das melhores condições de higienização, de pouca movimentação, de iluminação moderada sem exposição à luz solar direta, ventilado sem excesso e de temperatura e estado higrométrico estáveis.

A área interna deve ser suficientemente ampla para abrigar os recipientes de envelhecimento com razoável distanciamento para permitir a circulação atmosférica entre eles e higienização ambiental.

A aguardente a envelhecer deve ser a melhor possível, e estar disponível em volume homogêneo, suficiente para preencher todo o volume útil dos recipientes. Não sendo ação viável imediata, deve haver um sistema de circulação que possibilite a homogeneização do destilado após completar o volume dos recipientes.

É recomendável que a aguardente a envelhecer seja destilada até a mais alta graduação alcoólica prevista pela legislação (54% de álcool em volume), para melhor desempenho da atividade. Ao final do período de envelhecimento a aguardente ainda mantém alta graduação alcoólica e as correções para envasamento serão facilitadas.

Resumindo e repetindo:

1. Toda aguardente pode ser envelhecida;
2. O envelhecimento não corrige os defeitos da aguardente;
3. Boa qualidade da aguardente ao envelhecer garante a obtenção de aguardente envelhecida de boas características sensoriais;
4. Os recipientes para envelhecimento devem ser bem confeccionados, estar em boas condições de manutenção e não terem sido usados para armazenamento de líquidos que não aguardente;
5. A madeira para sua confecção deve ser bem escolhida, com características que transmitam sensações organoléticas de cor, aroma e paladar apreciados pelo público consumidor;
6. Outrossim, ser de aquisição fácil e econômica;
7. Os recipientes devem ser preenchidos completamente com aguardente de alta graduação alcoólica (54%), fechados, e levados para local limpo, higienizável, dispostos em conjunto com afastamento suficiente para circulação de ar em torno e confirmação da sua correta manutenção;
8. O local de envelhecimento deve ser seco, ventilado sem excesso, ter iluminação moderada, sem exposição à luz solar e manter umidade relativa e temperatura estáveis;
9. A legislação prevê o envelhecimento por no mínimo um ano, mas recomenda até três anos. Nesse caso, o fabricante deve a cada ano acrescentar novos recipientes a envelhecer, até preencher os períodos vazios, sem disponibilidade de aguardente envelhecida e iniciar a tradicionalidade de produtor de aguardente, além de produtor da aguardente comum, de alta rotatividade comercial.

9.6. Aceleração do envelhecimento

Tornar rapidamente bem palatável a aguardente de cana é objetivo antigo e diversos artifícios foram e são usados. Passar corrente elétrica contínua pelo destilado durante dias não mostrou resultados positivos. Borbulhamento de ar prolongado parece contribuir positivamente porque favorece a eliminação de compostos voláteis formados durante a fermentação, ou reações de oxidação. Merece atenção de pesquisadores. A adição de extrato de carvalho ou a imersão de cavacos da madeira, imersão de sementes e pedaços de madeiras aromáticas conferem sensações agradáveis, mas não realizam envelhecimento.

No envelhecimento tradicional ocorrem reações de lenta resolução que interferem na qualidade da bebida. Sabe-se de técnicas inspiradas em outros processos tecnológicos ou outras, originais de fabricantes, que levam ao sucesso comercial, mas sem dados laboratoriais de confirmação.

Uma destilaria anuncia em sua página na internet que usa um processo de armazenamento-envelhecimento inspirado no processo de obtenção do vinho Xerez (ou Sherry) denominado de *Solera*.

Em linhas simplistas é a disposição de barris em estrutura vertical em diversos níveis. O nível mais alto é ocupado pelos recipientes com a bebida mais recente. Após um tempo de armazenamento os recipientes baixam a um nível inferior. Não há detalhe, mas imagina-se uma estrutura de três níveis e sua transferência de um nível por ano. Será um envelhecimento de três anos em recipiente de madeira nativa, não identificada.

Outro processo industrial, que poderia ser denominado de refino de destilado seguido de envelhecimento, é o de uma pequena indústria. Quando foi visitada era uma instalação muito bem montada, originada de um engenho de pinga, transformado em uma indústria bem-sucedida, sem moenda, dornas de fermentação e outros equipamentos pertinentes.

Em essência, a indústria contava com um alambique de três corpos, uma caldeira, um tonel de 20 a 30 metros cúbicos, uma engenhosa estrutura para o envelhecimento e equipamento para embalagem da bebida pronta para a venda.

O esquema de trabalho era: compra de aguardente de um grande produtor, diluição do grau alcoólico à metade, redestilação lenta para recuperar um destilado purificado, sobretudo de produtos secundários, menos ácido, rico em ésteres que era enviado para o topo da estrutura de envelhecimento.

Esta era uma estrutura vertical de diversos níveis, cada um portando um barril até o solo, interligados por mangueiras. Não foi anotado o número de recipientes (6 a 8).

O redestilado era enviado ao barril superior e dele escoado lentamente até o solo em um longo tempo, divulgado pelo industrial, mas não registrado.

Ele afirmava que em um mês conseguia um destilado com características de destilado envelhecido em tonel de madeira por 12 anos, mas não revelou como confirmava a semelhança.

9.7. Particularidades da contenção de destilados

No hemisfério Norte as bebidas destiladas são armazenadas em recipientes confeccionados com madeira de carvalhos. No Brasil, hemisfério Sul, desde o período colonial, a aguardente vem sendo armazenada em vasilhame de madeira autóctone, de muitas espécies.

Certamente, nos primórdios da colônia, os barris vazios de vinhos e de destilados vindos da Europa eram reusados e esse costume persiste em pequenas destilarias. No entanto, sua disponibilidade não satisfazia as necessidades dos fabricantes e o emprego de madeiras nativas prosperou. No Brasil, o vasilhame varia de acordo com o porte da fábrica e da região de produção. Nas destilarias em pequenas propriedades é hábito armazenar em barris, com preferência para os de carvalho.

Por força das circunstâncias o armazenamento foi inicialmente feito em recipientes de madeiras nativas em cada local de produção do imenso território nacional. As madeiras eram muito diversas, adequadas e amplamente disponíveis em dimensões e quantidade, para cumprir as exigências da indústria, incluindo a tanoaria. Não foram encontrados registros sobre o início da tanoaria na colônia, mas há informação sobre a venda da bebida em cabaças (Schwarcz e Starling 2015, página 131).

A construção de reservatórios de madeira de mais de 10 metros cúbicos a partir dos anos 1950, coincidentemente com o início da expansão da capacidade da indústria da aguardente no eEstado de São Paulo.

O aumento da produção passou a exigir recipientes maiores. As pequenas destilarias foram ampliando suas produções e volume de armazenamento. Tonéis de 40, 50 metros cúbicos passaram a ser comuns.

Nas destilarias de grande capacidade, o armazenamento tem sido feito em tonéis de muitos metros cúbicos e confeccionados com madeiras de essências nativas. Esta realidade se mostra ameaçada. Já há carência de madeira para tanoaria, sobretudo para tonéis de grande capacidade.

O emprego de madeira exótica para confeccionar recipientes de armazenamento foi estudado e mostra boa perspectiva para o futuro. Os experimentos de Mori *et al.* e de Viegas permitem projetar a construção de barris e de tonéis de madeira de eucaliptos de variadas capacidades.

9.8. Armazenamento e envelhecimento em grandes volumes

A legislação não estabelece normas para a capacidade dos recipientes destinados ao armazenamento de aguardente, mas sugere que ela seja envelhecida em recipientes de no máximo 700 litros por um período mínimo de um ano.

A indústria não vive, ou sobrevive apenas com a venda de bebida envelhecida e se desenvolve com o comércio de milhões de litros da bebida comum, armazenada em toneis de madeira por períodos variáveis entre a fabricação e a venda. Como foi explicado, nesse período suavizam as características do destilado recente, surge cor e melhoram o aroma e o sabor, em função do tempo, da madeira e da dimensão do recipiente.

O envelhecimento intensifica as mudanças em longo e determinado período de residência nos recipientes. É uma operação cara, pois exige alta imobilização de capital e muito tempo para beneficiar a bebida.

O surto de crescimento da produção de aguardente na década de 1950, estimulou a construção de tonéis de grande capacidade para estocar o produto das destilarias e não confeccionar grande número de recipientes de pequeno ou de médio volume. Foram construídos e se generalizaram os toneis de 20, 30 e 50 metros cúbicos.

Na década de 1970 foram encontrados dois tonéis gigantes de 80 metros cúbicos (feito de Jequitibá) e outro de 120 metros cúbicos de Cabreúva (Bálsamo) no norte do Estado do Paraná. Depois, ficou conhecido um tonel de 374 metros cúbicos, no Estado do Ceará. Este, o maior de todos, talvez o maior do planeta ainda existe, confeccionado com madeira de cinco espécies de árvores nativas.

É o mais famoso, de propriedade da destilaria Ypioca, Park I, Ceará, feito com madeira de pau amarelo - *Euxylophora paraenses*, Cumarú - *Dipteryx iodorata*, Jatobá - *Hymenaea courbaril*, Maçaranduba - *Manilkara elata* e Grápia - *Apuleia leiocarpa*.

Entretanto, é preciso esclarecer o que é armazenamento em grandes volumes. Há duas versões. Uma, por exemplo, é armazenar 600.000 litros da bebida em dezenas de pequenos recipientes e outra, armazenar a produção em três toneis de 200 metros cúbicos.

O volume estocado é o mesmo, mas o efeito é diferente e mais positivo nos menores recipientes.

Do ponto de vista econômico, os grandes recipientes podem vir a oferecer vantagens, como menor manutenção e menor movimentação. O fabricante deverá planejar a escolha, mediante estudo econômico e de riscos.

Tecnicamente há pontos a ponderar, porque existem realmente toneis gigantes para armazenamento e engenhos que armazenam a produção de uma safra em uma dezena de barris de 250 litros.

Não há definição sobre o que é um tonel de grande capacidade, mas um recipiente que armazena a metade da produção diária da destilaria é um tonel de grande volume. Também, os que medem acima de dez metros cúbicos, tendo em vista que no Sudeste do país, muitas destilarias possuem toneis acima disso.

Há que pensar no armazenamento e no envelhecimento, sobretudo porque há região que produz volumes muito grandes de bebidas e pratica comércio extensivo, e região que produz menos volume em muitas destilarias e se preocupa com padrões de alta qualidade.

A partir dos anos 1950, a crescente produção de aguardente no Sudeste do Brasil tornou viável o emprego de tonéis gigantes para armazenamento e a ideia de neles envelhecer o destilado.

No Estado do Paraná, os tonéis de 80 e 120 metros cúbicos permaneceram cheios de aguardente por cinco anos. Ao final desse tempo, o destilado foi considerado envelhecido, por suas qualidades gustativas. As aguardentes (eram dois tonéis) foram destiladas com 54% de álcool em volume e a decisão de armazenar por cinco anos foi do fabricantes.

Ao final, as aguardentes receberam correção de cor com caramelo, o grau alcoólico para 45%, a aguardente foi envasada em garrafas personalizadas e submetida a um teste de aceitação pela população, em dois aeroportos internacionais e em um restaurante famoso. Foi aprovada por 150 pessoas com 76 de preferência para a de Cabreúva.

Foi feito um esquema de venda escalonada com novas reservas para manter e elevar o comércio das aguardentes envelhecidas e tradicionalidade ao produto.

Infelizmente, o projeto descontinuou. Entretanto, o envelhecimento ocorreu e deixou ensinamentos.

O primeiro é de que foi um experimento bem-sucedido, de custo muito alto, pela imobilização de capital representado pela retenção de 200 metros cúbicos da bebida por cinco anos. Outro, por permitir imaginar que o envelhecimento em grandes volumes poderá, talvez, ser acelerado por um processo de agitação lenta como o sugerido no capítulo seguinte.

Não se antevê como viável generalizar a construção de grandes tonéis de madeira para armazenar os grandes volumes produzidos pelas grandes destilarias, ou para estocar bebida para alimentar as grandes indústrias de engarrafamento. Não há madeiras nativas tradicionais livremente disponíveis. O emprego de madeiras de cinco espécies para construir o tonel gigante (374 metros cúbicos) comprova a carência de madeiras nativas e a conveniência da pesquisa sobre o emprego de material exótico.

Nas últimas três décadas do século XX, empresas engarrafadoras de aguardente lançaram mão de tanques de aço para estocar os grandes volumes de bebida manuseados diariamente. Para recuperar a qualidade tradicional prejudicada com o emprego de tanques metálicos, foi preciso encontrar proteção contra a corrosão pela bebida e artifícios para manter a qualidade requerida pelos consumidores habituais da bebida comum.

9.9. Comercialização da aguardente

Não há estatísticas precisas sobre a produção e consumo de cachaça. Faz muito tempo que se estima que a produção nacional da bebida é de 1,5 bilhão de litros anuais. Um bilhão de litros obtido por destilação contínua e meio bilhão por processo descontínuo em alambiques.

É importante recomendar o envelhecimento da aguardente, principalmente da obtida com qualidade superior para destacar suas boas características e obter melhor remuneração. Também, criar um mercado ainda inexistente.

Não é viável recomendar o envelhecimento de toda a produção. Decisão nesse sentido exige a imobilização de todo o destilado obtido por muito tempo em anos e isso não tem sentido. Faltaria aguardente comum, a razão fundamental da fábrica. O maior volume comercializado é o de aguardente armazenada em tonéis de madeira por um período variável. Há eliminação das características de recém-destiladas e se torna bem palatável. Convencionalmente designada por bebida comum, é o destilado de menor preço, acessível aos consumidores que se satisfazem com bebida menos requintada, por isso a grande vendagem. E entende-se que não é pensável envelhecer toda a produção porque haverá sempre mercado de aguardente comum de baixo preço e sólido comércio.

A aguardente comum continuará a ser produzida sem interrupção, pois é bebida agradável à grande público e com preço acessível.

O fabricante que pretende envelhecer lotes de sua produção deve fazê-lo obedecendo um cuidadoso projeto que agregue qualidade a seu produto, sem prejuízo da comercialização da aguardente comum.

10

ACELERAÇÃO DO ENVELHECIMENTO

10.1. Considerações gerais

O capítulo anterior trata do envelhecimento e destaca as modificações que ocorrem nos componentes da aguardente durante o longo período de sua retenção em recipientes de madeira. O processo é demorado porque o contato do destilado com a madeira é estático, a extração dos componentes da madeira é osmótica de pequena intensidade. Os componentes são extraídos continuamente em pequena quantidade e passam para o destilado. As possíveis reações químicas entre eles são lentas e seus efeitos demoram a se fazer sentir.

A demora para melhorar as características sensoriais da bebida despertou interesse por conseguir um rápido envelhecimento.

É uma expectativa antiga e legítima poder levar mais depressa ao consumidor um produto de melhor qualidade, melhor renda e mais atratividade.

Fazer passar corrente elétrica contínua pela aguardente por longo período foi tentado, mas não trouxe resultados positivos, assim como com energia atômica.

Introduzir lascas de madeira e adicionar extrato de madeira à aguardente alteram a cor e comunicam sabor, mas não caracterizam envelhecimento.

Fazer borbulhamento prolongado de ar no destilado foi realizado em alguns laboratórios, com o objetivo de reduzir a acidez e melhorar o sabor e aroma. A efetividade do tratamento não foi comprovada por pesquisas técnicas e científicas sistemáticas.

10.2. Envelhecer rapidamente

Envelhecer significa passar o tempo com alteração das características originais. No caso de aguardente, é a alteração ao longo de lento e largo período. Encurtar o período do envelhecimento é uma aspiração legítima dos fabricantes que querem oferecer seu produto melhorado em menos tempo.

Obviamente, não se pode visualizar o que ocorre com o líquido estático no interior do barril, ou tonel, mas é possível deduzir.

Por efeito osmótico lento e contínuo, há geração de um extrato ao contato do destilado com as paredes, que contêm componentes solúveis da madeira (aromáticos, corantes, sais). A osmose lenta e contínua, segue formando extrato, que tende a difundir por todo o volume do destilado contido.

Pela dedução, a movimentação difunde o extrato fácil, completa e homogeneamente, além de causar o envelhecimento de maneira mais rápida.

A continuidade de formação do extrato e sua difusão, causa sua concentração, que hipoteticamente deve estabilizar em um limite em que deve se interromper por saturação. Em quanto tempo, não foi encontrado registro, mas deve ser variável com a espécie vegetal, idade, desenvolvimento e permeabilidade da madeira.Bons temas para os pesquisadores.

Retornando ao assunto, a formação do extrato por troca osmótica, deve causar mínima movimentação do meio, que favorece as modificações que se fazem sentir na bebida armazenada.

Por hipótese, uma alteração nesse comportamento poderá favorecer a aceleração natural do envelhecimento.

Com base nesta hipótese, se oferece um projeto de investigação que poderá ser útil aos que se interessarem pelo envelhecimento de aguardente em pequeno volume, 1 m^3, até os tonéis de grandes volumes de 80, 120 (Paraná) e 374 m^3 (Ceará).

A legislação sugere envelhecimento em tonéis de no máximo 700 litros (0,7 m^3).

A concentração do extrato certamente atinge um limite, mas o destilado continua a se modificar. Tomando como exemplo apenas o grau alcoólico, ele tende a diminuir sempre e afeta a qualidade. Esse fato sugere também que classificar a qualidade por anos de tonel apresenta fragilidade.

Após essas observações torna-se justo pensar em acelerar o envelhecimento por meio de artifícios que mantêm a naturalidade do processo e favorecem as alterações indicadas no Capítulo 9.

Há fabricantes que buscam métodos particulares para melhorar a qualidade de seu produto a partir do princípio do envelhecimento e obtêm resultado positivo.

10.3. Processos particulares de envelhecimento

Há fabricantes que buscam métodos particulares para melhorar a qualidade de seu produto a partir do princípio do envelhecimento e obtêm resultado positivo.

Três exemplos demonstram o espírito empreendedor dentre os fabricantes.

O produtor que acreditou que o envelhecimento valorizaria seu produto e o envelheceu por cinco anos em tonéis de 80 e 120 metros cúbicos abriu horizontes para o estudo da aplicação do envelhecimento em recipientes de grandes volumes. A operação envelhecimento deu certo, mas o tempo muito longo cria dúvidas quanto aos resultados da comercialização.

Outro, que procede com técnica inspirada no processo *solera* usado para os vinhos de Xerez. A informação afirma que o resultado é positivo.

Um terceiro processo, mais engenhoso e radical, influenciou o autor a refletir sobre a aceleração do envelhecimento da aguardente de cana e a propor um método para envelhecer destilado em recipientes de madeira de grandes volumes.

O projeto tem perspectiva viável teoricamente porque não foi experimentado, mas apresenta-se lógico; é proposta de estudo à disposição de quem o quiser desenvolver.

10.4. Destilaria com método de envelhecimento rápido

Uma destilaria tradicional foi transformada em uma instalação industrial composta de alambique de três corpos, gerador de vapor, tonel de madeira para armazenar aguardente comum, equipamento para envelhecimento artificial e setor de engarrafamento.

Em linhas gerais, o processo de produção inicia pela aquisição da matéria-prima, que é aguardente industrial obtida em uma destilaria convencional e armazenada no tonel de estoque, que abastece a indústria.

Do tonel, a aguardente é enviada para um tanque de diluição, onde a graduação alcoólica da matéria-prima é reduzida a aproximadamente metade do original. Daí segue para um alambique de três corpos, para ser submetida a uma destilação lenta.

A aguardente redestilada é encaminhada para o equipamento de envelhecimento.

Este é composto de vários recipientes de madeira (6 a 8 barris) dispostos em alturas diferentes como se fossem prateleiras, e interligados verticalmente. A aguardente a "envelhecer" (redestilada) enche lentamente o primeiro reservatório, transborda para o segundo até o último, próximo ao chão, de onde segue para a embalagem em garrafas.

O descenso do líquido é lento, o suficiente para conferir ao destilado modificações para dar similaridade às características de aguardente envelhecida. As características eram boas e apregoadas como as de 12 anos de tonel, segundo o fabricante. Entretanto, não foi conhecida uma análise química do produto antes e depois do tratamento, nem o método para justificar a classificação de 12 anos de tonel.

Todavia, parece ter sido um sucesso comercial.

10.5. Proposta de pesquisa para envelhecer em grandes tonÉis

Os tonéis de grandes volumes armazenam grande massa de destilado que pode ser esquematizado como um Troncone ou um cilindro de muitos metros de altura, sobre uma base de metros de diâmetro. Essa representação mostra a enorme diferença de massa de destilado em relação com a de destilado em um recipiente de 0,7 metro cúbico e suas dimensões. Daí, entender também que são necessários centenas de pequenos tonéis de 700 litros de capacidade.

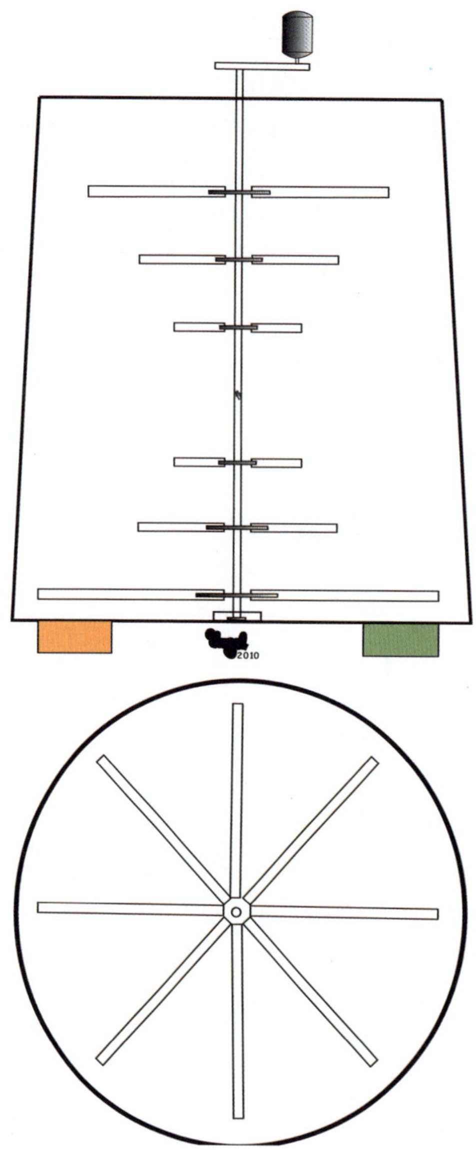

Figura 10.1. Proposta de pesquisa para envelhecer em grandes tonéis

No Brasil há uma região em que a produção de aguardente é tão grande que sua estocagem é feita em tonéis de aço de grande volume.

O envelhecimento é inviável em tonéis de aço, mas vislumbra-se sua factibilidade em tonéis de madeira exótica de grande volume.

A proposta tem base na agitação lenta do destilado, e difusão do extrato.

A Figura 10.1 esquematiza a descrição.

BIBLIOGRAFIA RECOMENDADA

ALMEIDA, J.R. **A embebição nas usinas de açúcar**. Tese de concurso parara preenchimento da 8ª Cadeira (Tecnologia Agrícola) da ESALQ/USP - 1* 938151 p.

ALMEIDA, J.R.; VALSECHI, O.; NOVAES, R.F. Envelhecimento das aguardentes. **Anais da Escola Superior de Agricultura "Luiz de Queiroz"**, v. 4, p. 1-83, 1947

ANDREATTA, M.D. (Coord.) **Projeto de pesquisa interdisciplinar - Engenho São Jorge dos Erasmos, Santos, SP**. Relatório de atividades - Prospecção arqueológica. São Paulo: Faculdade de Filosofia, Letras e Ciências Humanas - Museu Paulista, Universidade de São Paulo. 1996/1997

ANJOS, F.M.F. **O caminho do açúcar - Cotidiano, trabalho e cultura material. A circulação da produção nas ruínas do Engenho São Jorge dos Erasmos (Século XVI)**. São Paulo: Faculdade de Filosofia, Letras e Ciências Humanas - Área Interdepartamental de Arqueologia. 1996. 127 p. (Memorial de Qualificação de Mestrado)

AQUARONE, E. Desinfecção Industrial. In: AQUARONE, E.; BORZANI, W.; LIMA, U.A. **Tópicos de microbiologia industrial**. São Paulo: Edgard Blücher, 1975. 231 p.

CESAR, M.A.A. Extração do caldo de cana por moagem. In: MUTTON, M.J.R.; MUTTON, M.A. **Aguardente de cana - Produção e qualidade**. Jaboticabal: FUNEP. 1992. 171 p.

CHAVES, J.B.P.; POVOA, M.E.B. A qualidade da aguardente de cana. In: MUTTON, M.J.R.; MUTTON, M.A. **Aguardente de cana - Produção e qualidade**. Jaboticabal: FUNEP. 1992. 171 p.

CORDEIRO, J.P.L. **Engenho São Jorge dos Erasmos**. Gráfica Bentivegna. 1945

DIAS, S.M.B.C. **Efeito de Diferentes Tipos de Madeira sobre a Composição Química da Aguardente de Cana Envelhecida**. Belo Horizonte: Faculdade de Farmácia da Universidade Federal de Minas Gerais. 1997. 109 p. (Dissertação de Mestrado).

LIMA, U.A. Considerações em torno do custo de produção da aguardente. **Revista de Agricultura**. v. 32, n. 2, p. 100-112, 1957

LIMA, U.A. Considerações em torno do custo de produção da aguardente II. **Revista de Agricultura**. v. 33, n. 3, p. 151-152, 1958

LIMA, U.A. Preparação do Fermento Caipira-misto e condução da Fermentação Alcoólica do Caldo de Cana. **Revista de Tecnologia de Bebidas**, v. 10, n. 7, p. 36-45, 1958

LIMA, U.A. Método prático para conservação de fermento nas dornas de uma destilaria de aguardente. **Revista de Tecnologia de Bebidas**, v. 12, n. 6, p. 27-33, 1960

LIMA, U.A. Ensaio de proteção às dornas de alvenaria. **Revista de Tecnologia de Bebidas**, v. 12, n. 7, p. 61-66, 1960

LIMA, U.A Considerações em torno do custo de produção da aguardente. **III Revista de Tecnologia de Bebidas**, v. 12, n. 9, p. 29-34, 1960

LIMA, U.A. Preparo dos pés de fermentação. In: ALMEIDA, J.R. **Fermentação Alcoólica. 1ª Semana de Fermentação Alcoólica**. Piracicaba: Instituto Zimotécnico, v. 2, p. 217-220, 1960

LIMA, U.A. Verificação prática da pureza e da marcha da fermentação. In: ALMEIDA, J.R. **Fermentação Alcoólica. 1ª Semana de Fermentação Alcoólica**. Piracicaba: Instituto Zimotécnico, v. 2, p. 221-226, 1960

LIMA, U.A. Sistemas de fermentação. In: ALMEIDA, J.R. **Fermentação Alcoólica. 1ª Semana de Fermentação Alcoólica**. Piracicaba: Instituto Zimotécnico, v. 2, p. 242-253, 1960

LIMA, U.A. Dornas de fermentação. In: ALMEIDA, J.R. **Fermentação do mel final das usinas de açúcar. 2ª Semana de Fermentação Alcoólica**. Piracicaba: Instituto Zimotécnico, v. 2, p. 116-128, 1961

LIMA, U. A. Necessidade da criação de um tipo regional de aguardente. **O Solo**, v. 53, n.1, p. 109-115, 1961

LIMA, U.A. Preparação dos mostos. In: ALMADEIA, J.R. Fermentação do caldo de cana. **3ª Semana de Fermentação Alcoólica**. Piracicaba: Instituto Zimotécnico. v.1. p. 89-103, 1962

LIMA, U.A. Preparo dos pés-de-cuba. In: ALMEIDA, J.R. **Fermentação do caldo de cana. 3ª Semana de Fermentação Alcoólica**. Piracicaba: Instituto Zimotécnico, v.1. p. 133-145, 1962

LIMA, U.A. Destilação dos vinhos. In: ALMEIDA, J.R. **Fermentação do caldo de cana. 3ª Semana de Fermentação Alcoólica**. Piracicaba: Instituto Zimotécnico, v.2, p. 236-255, 1962

LIMA, U. A. Os caldos de cana e o fator temperatura. **Revista Brasileira de Tecnologia de Bebidas**, v. 14, n. 6, p. 76-77, 1962

LIMA, U. A. Os mostos de caldo de cana. **Revista Brasileira de Tecnologia de Bebidas**, v. 14, n. 10, p. 44-45, 1962

LIMA, U.A. **Estudos dos principais fatores que afetam os componentes do coeficiente não-álcool das aguardentes de cana**. Piracicaba. 1964 (Tese para concurso de cátedra)

LIMA, U.A. Problemas específicos das pequenas destilarias de aguardente. **Seminários sobre Resíduos da Industrialização da Cana-de-açúcar**. São Paulo: CETESB-FESB, 1969

LIMA, U. A. Envelhecimento de aguardente em grandes volumes. **Revisa Brasileira de Alimentos e Bebidas**, v. 84, n. 2, p. 34-46, 1974

LIMA, U.A.; NOVAES, F.V. Ensaios de destilação de aguardente em aparelhos de aço inoxidável e de cobre. **Revista Brasileira de Alimentos e Bebidas**, v. 6, n. 83, p. 3-4, 1974

LIMA, U.A.; OETTERER (Andrade), M.O.; SOUZA, L.G.; BONASSI, I. Aguardente envelhecida por mistura. **Anais da VI jornada Científica da Faculdade de Ciências Médicas e Biológicas de Botucatu**. Dezembro, p. 60, 1986. (nota prévia)

LIMA, U. A. Produção do etanol. In: LIMA, U.A. **Coleção Biotecnologia Industrial - Processos Fermentativos e Enzimáticos**. Volume 3. São Paulo: Blucher. Volume 3. 2019. 760 p

LIMA, U.A. Produção nacional de aguardente e potencialidade dos mercados interno e externo. In: MUTTON, M.J.R.; MUTTON, M.A. **Aguardente de cana - Produção e qualidade**. Jaboticabal: FUNEP. 1992. 171 p.

LIMA, U. A. Aguardente – Fabricação em pequenas destilarias. Piracicaba: **Fundação de Estudos Agrários "Luiz de Queiroz"**. 1999. 187 p.

LIMA, U. A.; MONOBI, L.C.S. **Aguardente - Fabricação em pequenas destilarias**. Vídeo. Piracicaba: Terravídeo Produções. 1999

LIMA, U.A.; TEIXEIRA, C.G.; BERTOZZI, J.C.; SERAFIM F.A.T, ALCARDE, A.R. Influence of fast and slow distillationnn on ethyl carbamate content and on coeficient of non-alcohol componens in **Brazilian sugarcane spirits. Journal of Institute of Brewing**, v. 118, n. 3, p. 305-308, 2012

LIMA, U. A. Aguardente de cana-de-açúcar. In: MORAES, I.O. **Coleção Biotecnologia Industrial - Biotecnologia na Produção de Alimentos**. Volume 3. São Paulo: Blucher. Volume 4. 2021. 730 p

LIMA, U. A. Produção do etanol. In: LIMA, U.A. Coleção **Biotecnologia Industrial - Processos Fermentativos e Enzimáticos**. Volume 3. São Paulo: Blucher. Volume 3. 2019. 760 p

LIMA, U.A Verificação prática da pureza e da marcha da fermentação. In: ALMEIDA, J.R. **Fermentação Alcoólica. 1ª Semana de Fermentação Alcoólica**. Piracicaba: Instituto Zimotécnico, v.2, p 221-226, 1960

LORENZI, H. Árvores Brasileiras Manual de identificação e cultivo de plantas arbóreas nativas do Brasil. Nova: Ed. Plantarum. 1992. 352 p.

MARILLER, C. **Manuel du distillateur**, 3.ed. Paris: J.B. Baillière & Fils, 1948

MEURS, E. **Engenho São Jorge dos Erasmos**, Santos Preser-vation Studies. São Paulo: CPC - USP. Mimeografado. 1990

MORI, F.A.; MENDES, L.M.; TRUGILHO, P.F.; CARDOSO, M.G. Utilização de madeiras de eucaliptos e nativas no armazenamento de aguardente de cana-de-açúcar. **Ciência e Tecnologia de Alimentos**, Campinas, v. 23, n. 3, p. 396-400, 2003

PLANALSUCAR **Guia das principais pragas da cana-de-açúcar no Brasil. Piracicaba: Instituto do Açúcar e do Álcool.** Programa Nacional de Melhoramento da Cana-de-açúcar. 1977. 56 p.

PLANALSUCAR **Guia para identificação de doenças e deficiências nutricionais da cana-de-açúcar**

no Brasil. Piracicaba: Instituto do Açúcar e do Álcool. Programa Nacional de Melhoramento da Cana-de-açúcar. 1982. 28 p.

SCHWARCZ, L.M.; STARLING, H.M. **Brasil: Uma Biografia**. São Paulo. Companhia das Letras, 1ª ed. 2015. 694 p.

STUPIELLO, J. Produção de aguardente: qualidade da matéria-prima. In: MUTTON, M.J.R.; MUTTON, M.A. **Aguardente de cana - Produção e qualidade**. Jaboticabal: FUNEP. 1992. 171 p.

STUPIELLO, J. Destilação do vinho. In: MUTTON, M.J.R.; MUTTON, M.A. **Aguardente de cana - Produção e qualidade**. Jaboticabal: FUNEP. 1992. 171 p.

SUOMALAINEN, H. Yeast and its Effect on the Flavour of lcoholic Beverage. **Journal of The Institute of Brewing**, v. 77, n. 2, p. 164-177, 1971

VIÉGAS, E.K.D. Potencialidade de eucaliptos para armazenamento ou envelhecimento de cachaça, 2015. 116 p. **Tese de Doutorado - USP/ESALQ** (esta tese encontra-se *on line* na biblioteca da USP/ESALQ)